ワンピースで世界を変える！

専業主婦が東大安田講堂でオリジナルブランドのファッションショーを開くまで

ブローレンヂ智世

創元社

はじめに

二〇一八年六月三日。ここは東京大学の安田講堂。

舞台の上では、色とりどりのワンピースやスカートを身にまとったモデルのみんなが、リズミカルなピアノ曲に合わせて、にこやかな表情で手拍子をしている。私は舞台袖でスポットライトのまぶしさに目を細めながら、その姿を一心に見つめていた。

「この服をデザインした、ブローレンヂの松村智世《まつむらともよ》さん」

私の名前が呼ばれた。ステージの熱気にのまれそうで一瞬怖《お》じ気《け》づいたけど、舞台上にいるみんなに励まされるように、まっすぐ舞台の真ん中へ歩いていった。私がデザインした洋服に身を包んだモデルさんたちが、笑顔で迎えてくれる。目の前には客席を埋め尽くす大勢の人々。それを見て、「やっとこの日が来たんだ」と実感した。

骨格も性別も関係なく、自分の好きな服を美しく着こなし、堂々と舞台に立つモデルさんたちの姿に、私は胸がいっぱいだった。初めて会った時は、「着たい服を着られない」とか「服を自分で買ったことがない」とうつむき加減で、自分に自信がなさそうだった。それなのに今は、同一人物とは思えないほど、胸を張って生き生きした表情をしている。自分が望むありのままの姿でいられることが、こんなに人を素敵に見せるなんて。

この光景を目の当たりにして、誰もが生まれ持った性別や体型にとらわれずに自分の着たい服を着られ、ファッションを楽しめるようになる世の中を創ることは、本当に夢じゃないかもしれないと、心底実感した。

〝服で性別を越える〟ことをテーマにしたシンポジウム「ファッションポジウム」と、私が手がけるアパレルブランド「ブローレンヂ」の初めてのショーは、こうして見事に成功した。歴史ある安田講堂でも、ファッションショーの開催は史上初。「性別を問わないファッションのあり方」がテーマのシンポジウムを開くのも前代未聞だそうだ。最初は小さな思いつきからスタートしたブローレンヂが、発足わずか一年でこんな画期的なイベントを開けるようになるなんて自分でも思いもしなかった。

ブローレンヂが作っているのは、「メンズサイズのかわいいお洋服」。つまり、体型や骨格が男性的でもきれいに着こなせるワンピースやスカートだ。

普通、レディース服は女性の骨格を元に、メンズ服は男性の骨格を元にデザインされている。だから男性的な骨格の人がレディース服を着ようとすると、肩幅が合わずパツパツになったり、ウエスト位置が高いので胴で引っかかってしまったり、丈が足りなくて不格好になってしまったりする。

ただ自分が着たい服を着ようとしただけなのに、入らなかったり、破れたり、うまく着こなせなかったら、どんなに辛いだろう。そもそも骨格が違うのだから、ダイエットやコーディネートといった、努力や工夫でどうにかなる訳でもない。深刻な例では、洋服にまで性別を否定されているように感じ、自殺してしまう人までいるという。

たかがそれだけのことで、と思われるかもしれないが、性別を印象づける役割を持つ衣服には、それぐらいの力があるのだろう。

ブローレンヂを起ち上げる時、そういった服の問題で困っている人の存在を思い出したことがきっかけで、このコンセプトで服作りを始めた。もし男性的な骨格の人が着ても美しく見えるデザインのレディース服があれば、こうした辛さを解決できるんじゃないかと思ったのだ。

ただ、正直に言って私は、ほんの数年前までは服作りについてはまったくの素人だった。ファッションの専門家でもないし、起業についても何も知らない、お金も人脈もないごく普通の専業主婦だった。

ブローレンヂは起ち上げ当初からいろいろなメディアの取材を受けたり、クラウドファンディングが成功したりした。そのうえ史上初の東大安田講堂でのファッションショーも成功したから、はたから見ればトントン拍子にうまくいっているように見えるかもしれない。

でも実際には、前例のない事業だったために、融資を受けるのにも、工場と取引するのにも苦労したし、ブランドを起ち上げてからも次々に問題が続出して、そのたびにたくさんの人に助けてもらって、どうにかこうにか続いているという状態だ。

それでもあきらめずに今日までやってこられたのは、ブローレンヂの服を必要としている人がどこかにいるはずだと信じてきたからだ。そんなブローレンヂの考え方や取り組み方を理解して、さまざまな形で支援・協力してくださる人たちには感謝の言葉を尽くしても足りない。

本書は、普通の専業主婦だった私が、どうやって自分のブランドを起ち上げ、前例のない服作りを実現し、東京大学で歴史的なファッションイベントを開催できるまでにいたったかをまとめたものだ。まだ事業を起ち上げて間もない私が起業エッセイを出すなんておこがましいような気がしたけど、自分の体験をいろんな人にシェアすることで、今まで助けてくれた人たちに恩返しをしたいと思った。

私は経営のプロではないから、この本も起業エッセイによくある「こうやったら成功する！」というノウハウ集ではない。むしろ、がむしゃらにもがいている日々をつづった奮闘記だ。でも、自分でも何かしたいと思っている人、アイデアはあるけどなかなか行動に移せない人、事業を起ち上げたけどうまくいくかどうか不安でたまらない人の役に立てるかもしれない。

この本で、誰かの背中を少しでも後押しできたらとてもうれしい。

ブローレンヂ智世

※なお、本書では原則として、女性の服装をすることを、安冨歩さんの言葉を借りて「女性装」と表現しています。

目次

blurorange

ブローレンヂの
服のひみつ

「ジェンダーフリーの洋服」ってどんなもの？

ブローレンヂの服は「大きめサイズのレディース服」とどう違うの？

この本でブローレンヂのことを初めて知った方は、当然抱かれる疑問だと思います。

そこでこのページでは、ブローレンヂの服の特徴を、本文に登場する商品デザインを参考にご紹介します。

〈ブローレンヂの洋服の基本〉

ブローレンヂの洋服は、男性的な骨格の人でも心地よく、きれいなシルエットでレディース服を着られるように工夫しています。次頁の写真のように、男性と女性は骨格が違うので、大きなサイズのレディース服だと、腕や肩、胸や腰が苦しかったり、余分なところに生地が余ったりと、美しく着こなすことが困難です。

●ブローレンヂの服はメンズトルソーを使って型を取っているので、男性的な体型にフィットします。

●デザインに「錯視（目の錯覚）」の効果を取り入れ、男性的な体型を女性らしいシルエットに見せることを実現しています。

●華やかな印象を与えるよう、これまでメンズ服にはほとんど使われていなかった薄手で柔らかな生地やレース、ビジューボタンなどを使用しています。

●厳選した素材を使い、すべて日本国内で製造しているので、着心地よく丈夫で長く着られます。

メンズトルソー

レディーストルソー

一番難しいのは、全体のバランスを整えること。例えば「肩幅を目立たせない」ことだけを重視して作ると、全体のバランスが崩れてしまいます。細かな修正を繰り返し、バランスをどう整えていくかが、デザイナーの腕の見せどころです。

例1

風に舞うブラウス

ブローレンヂのコレクション第一弾。
「夏は涼しい服がいい！」「でも腕は隠したい！」という声を参考に、腕の太さや肩幅を目立たせることなく、おしゃれに見えるブラウスを考案しました。

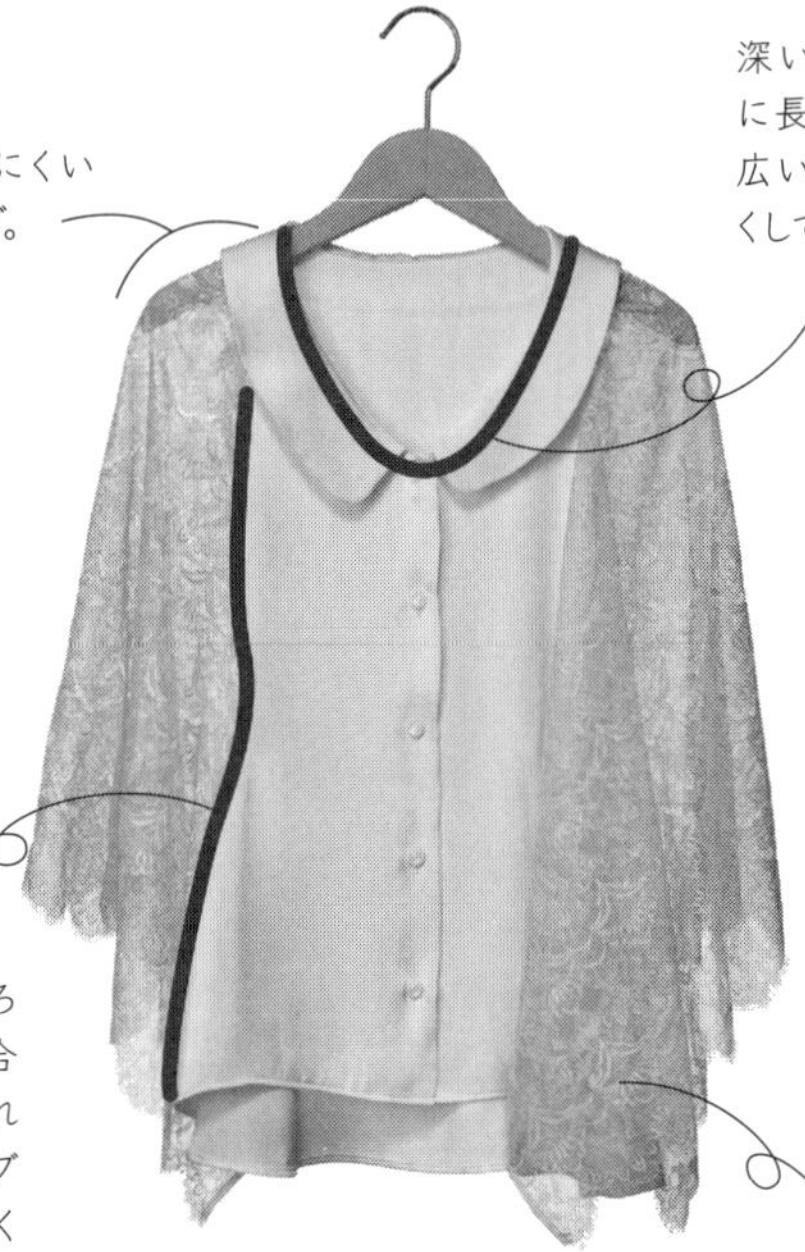

肩幅が目立ちにくいラグランスリーブ。

深い襟ぐりは首を縦に長く（細く）見せ、広い胸板も目立たなくしてくれます。

レース袖と身ごろの生地の縫い合わせ部分に入れた緩やかなカーブが、ウエストをくびれて見せます。

メンズ服にはないレースを贅沢に使い、繊細さと涼しさを両立させました。

長めの袖は、男性らしさが目立ちやすい二の腕と肘まわりをカバーします。

例2

レース丸襟ワンピース

Twitterの声やお客さんからのリクエストを反映して作った、ブローレンヂのコレクション第二弾。思い切って腕を出しながらも、ちゃんと女性的なシルエットに見えるように工夫を凝らしたワンピースです。

かわいいレース襟で首から肩先までの長さを分断し、肩幅を目立たせません。

メンズトルソーに合わせて設計しているので、肩幅やウエスト位置、着丈などが男性的な体型にピッタリ合います。

脱ぎ着が楽なように、背中のファスナーは通常より長めのものを特注しました。

メンズ体型はウエストの位置が低いので、上半身が大きく見えがち。幅広リボンでウエスト位置を高めに見せ、全体のバランスを整えます。

筋肉量が多い男性は体温も高め。夏でも心地よく着られるよう、裏地には吸汗性・速乾性の高い素材を使っています。

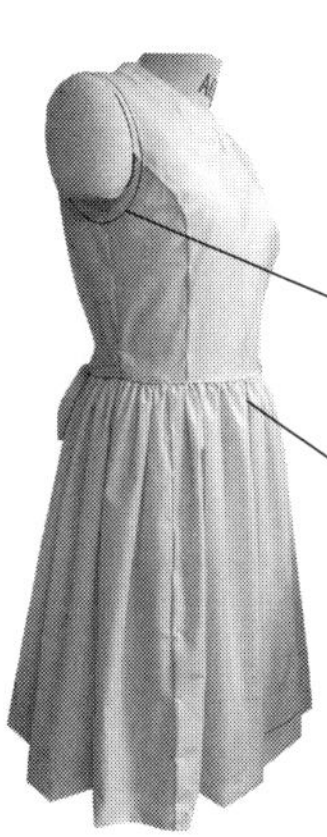

生地が脇に食い込まず、腕を動かしやすくするため、アームホールは広めに。

ウエストに布をたっぷり使って細かいギャザーを入れ、腰回りに女性らしいふんわり感を演出。

例3

ひかえめガーリーカーディガン

丸襟ワンピースと合わせて着られるカーディガンを、と思って製作した一品。ゆったりしたサイズの服は大柄に見えると思われがちですが、実際にはジャストサイズのものより自然にスタイルよく見えます。

メンズのカーディガンは9割がVネック。ゆったり目のクルーネックで、首元をしめつけずにフェミニンさを出しています。

肩や腕、身幅のゆとりをたっぷりとって、身体を締めつけずやさしく包みます。

これまでのメンズ服にはなかったキラキラのビジューボタンを使用し、かわいらしさをプラスしています。

袖の長さをメンズ標準+5cmと長めに設計。大きな手の甲が隠れて"萌え袖"に。

市販のレディースカーディガン

ひかえめガーリーカーディガン

魔法のパニート

「スカートをはいても腰まわりがぺたんこで、貧相……」というお客さんの声を聞き、男性は女性より腰まわりが細いという骨格の違いをカバーできないかと考案しました。パニエとスカートを組み合わせた、ブローレンヂ・オリジナルの「パニート」です。

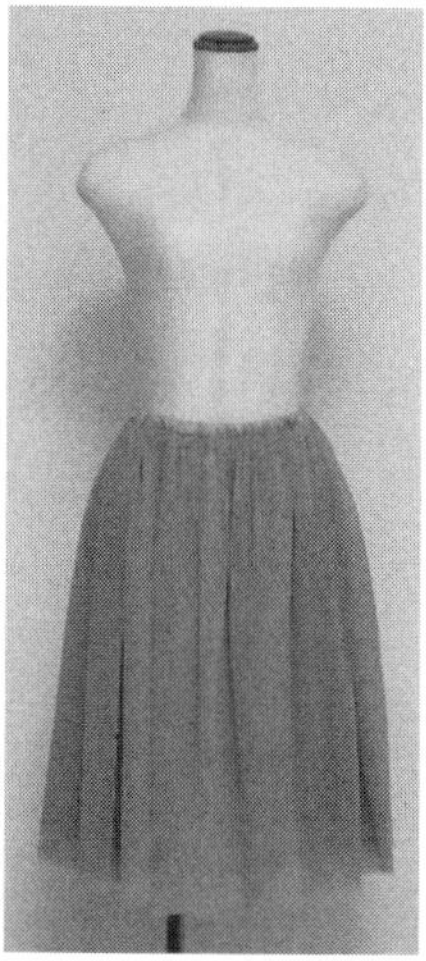

裏地がついているので、ワンピースやスカートの下にはくだけでなく、単品でも着られます。

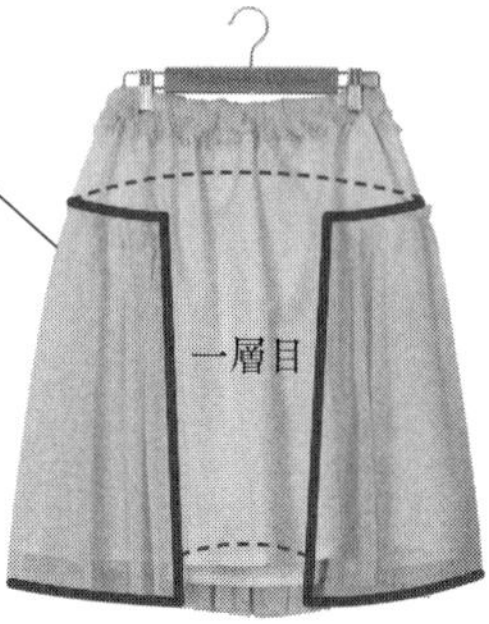

お尻と腰まわりにチュール生地を重ねた二層構造なので、スカートの下にはくと腰まわりを自然とふんわり見せられます。

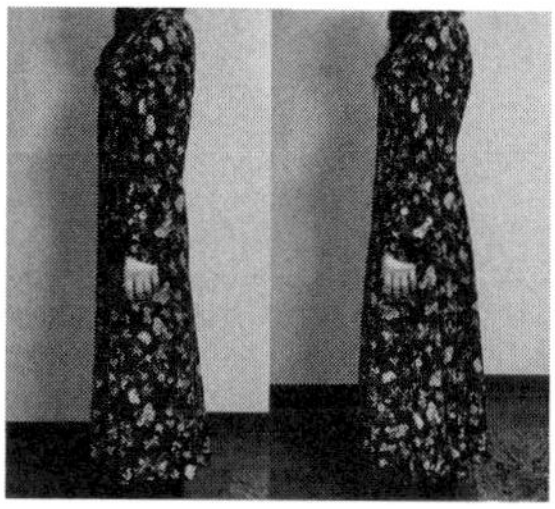

お腹は出さずに腰とお尻の部分だけが広がる、メリハリのきいたシルエットに。

以上、ブローレンヂの特徴がよく出ている4つの服を紹介しました。

これだけでも、男女の骨格や体型、メンズ服とレディース服の作りの違いがおわかりいただけたのではないでしょうか。

逆に言えば、骨格や服の型の違いさえクリアすれば、華やかでかわいくて、色も形もバラエティ豊かなレディース服を、誰でも着心地よく楽しめるということです。考えてみたら簡単なことなのに、今まで誰も、工場生産の規模で試したことはなかったのです。なぜならメンズサイズのレディース服を作るには、私が考えていた以上に、いろいろなハードルがあったから。

第一部からは、私がどうしてこうした「ジェンダーフリーのかわいい洋服」を作ろうと思ったか、それを実現させるためにどんな挑戦をしたかをお話ししたいと思います。

装丁　堀口　努
写真　山嵜明洋
モデル　中野　誠

第1部
起業までの道のり

人と同じことができない

「智世《ともよ》ちゃんはどうしてみんなと同じようにできないの？」

子どもの頃の私を表すのにぴったりな言葉だ。でも私はそう言われるたびに、「どうしてみんなと同じようにしないといけないんだろう」と思っていた。

私が生まれたのは一九八六年、長崎県諫早《いさはや》市。長崎というと〝坂の街〟や〝異国情緒漂《ただよ》う街〟という長崎市内の雰囲気をイメージするかもしれないが、地元は特にそんなことのない、海と山に囲まれ、適度にコンビニなどもあるありふれた町だ。

家族は六人。祖母と両親、兄弟は六歳上の兄が一人、それに小さい頃はいとこのお姉さんも一緒に住んでいた。父は穏やかだが昔気質《かたぎ》なところのある庭師で、母は社交的で茶目っ気のある明るい人。両親は厳しいところもあったけど、のびのびと育ててくれた。

私はひとり遊びが好きで、父の道具箱にある設計道具で遊んだり、空き箱や折り紙で工作をしたりするのが大好きだった。近所には年の近い子どもが少なかったから、外に遊びに行く時はいつも兄にくっついていた。だから、遊び相手はいつも男の子だった。ミニ四駆を走らせたり、近所の山を探検したり、父が手入れする庭で爆竹を鳴らしたりしてはよく怒られた。

しかし、幼稚園に入るとなんでも男女で分けられるようになった。いつものように男の子と遊んでいると、先生にはよく「智世ちゃん、あんたは女の子やけん、この子らと遊びなさい」と女の子のグループに無理やり手を引っぱって連れていかれ、おままごとやサリーちゃんごっこに参加させられた。でもちっともおもしろいと思えなくて、隙をついては女の子グループから脱走した。

またある時には、「今日は工作をします。男の子はブルーの色紙で車、女の子は赤の色紙でハートを切り抜きましょう」と色やモチーフまでも男女で分けられた。私は気にせず、赤の色紙でタイヤを切り抜き、ブルーの色紙で車の本体を切り抜いて、先生にこっぴどく叱《しか》られた。似たようなことはしょっちゅうあって、そのたびにきゅうくつな思いをしていた。

小学校に上がってからも、授業中は先生の話に集中するより、ぼんやりといろんな空想を頭の中で巡《めぐ》らせるのが好きだったから、先生に突然「コラ！」と当てられて、びっくりしてしまうことがよくあった。

夏休みの宿題はまともに提出できたことがなく、出したとしても自由にアレンジしてしまった。五年生の時には、毎年出ていた貯金箱の工作課題に、貯金箱ではなく粘土に大量の爪楊枝《つまようじ》を刺したエキセントリックなオブジェを提出した。人からあれこれ指示されたことより、その時自分のやりたいことを優先してしまうタイプだったのだ。

夢中になったらそればかり

人と同じことができないだけでなく、家でも学校でも、何かに夢中になると周りが見えなくなるところもあった。

例えば小学校二年生の時。毎日漢字の書き取りの宿題を出されていて、普段はやらないのに、ある日新聞に書いてあった「故郷」という字がやけに気になって、新品のノートいっぱいに「故郷」という漢字を書いていった。先生にノートを手渡すと、「ついに智世が宿題をしてきた！」と感動していたのは束《つか》の間で、ページをめくっていくうちに、だんだん先生の表情が険しくなっていった。次のページも、また次のページも、故郷、故郷、故郷、故郷。一冊丸ごとぎっしり「故郷」の字で埋め尽くされていたからだ。当然「一ページずつ違う漢字を練習すれば、たくさん覚えられるだろっ！」と怒られたけど、そんなことはどうでもよかった。ただその時は「故郷」が書きたかったのだ。

小学校四年生の時に転機があった。卒業式の前に毎年行われる「六年生を送る会」で、初めてお芝居に出演したのだ。私は先生の役。「今日は六年生に関する短歌作りをすることにしよう」というなんてことないセリフが、思いがけず大ウケした。自分で言うのもなんだが、間の取り方がうまかったんだと思う。自分が言ったセリフでみんなが笑ってくれるのは、とっても気持ちが良かった。

出し物が終わった後、隣のクラスの先生が「あんた上手やったねぇ！　劇団に入らんね！」と言ってくれた。普段学校では怒られてばかりだったからとてもうれしかった。初めて他人から認められた気がした。

家に帰るなり母にそのことを報告したら、さっそく母の知り合いがいる地元の市民劇団「劇団きんしゃい」に問い合わせてくれた。「きんしゃい」は長崎弁で「おいで」という意味だ。見学に行くと、同年代の子は一人もいなかったけど、稽古《けいこ》の熱気に吸い込まれるようにそのまま「劇団きんしゃい」に入団した。

それまで特にやりたいことも得意なこともなかった私に、初めて夢中になるものができた。飽《あ》きっぽい性格だったのに、お芝居で物語の中の人になりきるのはちっとも飽きなかったし、テストのための暗記は大嫌いなのに、セリフを覚えることはまったく苦にならなかった。舞台上で大勢の人の前に立つのも楽しかった。

どうやら私は、一度何かに夢中になったらものすごい集中力を発揮するタイプだったようだ。私はその後も演劇を続け、地元を離れて社会人になるまで舞台に立ち続けていた。

〝男らしさ〟〝女らしさ〟って?

両親は男女観については昔ながらの考え方の持ち主で、子どもの頃から男は〝男らしく〟、女は〝女らしく〟としつけられた。母からはよく「女は料理ができんといかん」とか「あんたは女の子やけんね」と言われたし、言葉遣《づか》いも「〝うまい〟じゃなくて〝おいしい〟って言いなさい」などと注意された。兄が習っていた少林寺拳法を私もやりたいと言った時には、父に「女の子は強ぉならんでよか」と、やらせてもらえなかった。

でも、実際には私はやんちゃな子どもで、よく男の子に間違われた。病院に行っても、受診票に「智世」と書き、性別欄《らん》にも〝女〟に丸をしているのに「智也くん」と呼ばれることが多かった。小学校高学年くらいからは、兄のお下がりを好んで着るようになった。母は花柄のスカートやフリルのついたブラウスを着せたがったけど、私はズボンばかりはいていた。

家族は、私が男の子っぽく育ったのは接し方が悪かったせいだと反省したらしく、ある日突然、私をいつもの呼び捨てではなく「智世さん」と呼び始めた。とっても気味が悪かったが、結局家族の方も三日ともたず「おい！　智世！」に戻っていた。それからは、もうさじを投げたのか、両親も放っておくようになった。夫婦で晩酌《ばんしゃく》をしながら「あの娘は豪傑《ごうけつ》ぞ」とよく笑い合っていた。

言葉遣いは男の子、歩き方もガニ股《また》、男の子と喧嘩《けんか》しても負けなかった。ままごとみたいな〝女の子らしい〟遊びは好きじゃなかった。けれども、そのことでからかわれたことはなかった。みんなが顔見知りの小さな町では、周りの友達は私の性格をわかって、ただ「そういうやつ」と受け入れてくれたから、特にいじめられることもなかった。

女らしくではなく、自分らしく

そうやって小学校まではマイペースにのんびり過ごしていたけど、中学に入ってからは、なんだか憂鬱《ゆううつ》なことが増えてきた。特に制服。学校には、スカートのセーラー服を着ていかなければいけなかった。

入学式の日のことは今でも覚えている。私のズボン姿を見慣れていた友達からは「智世がスカートはいとる！」と、大層ひやかされた。「あれ？　学ランじゃないと？」と不思議そうに訊《き》く友達もいた。私だってできることなら学ランを着たかった。

それに、成長期に入って体型が変わっていくのも嫌だった。どんどんおしりが大きくなるし、胸も出てくる。今までかっこよく着られていた服が入らなくなった。自分で軽石でこすってコーヒーで染めたダメージジーンズも入らなくなった。着たい服を着られなくなるのは悔しかった。

自分だけじゃなく、周りの雰囲気もがらっと変わった。小学校までは男女問わずに遊んでいたのに、突然性別でグループがはっきり分かれ、男の子はどんどん〝男らしく〟、女の子は〝女らしく〟なっていく。私はその変化にとても戸惑った。

女子グループには、一緒に陰口を言ったり、トイレには連れだって行ったりと、独特の習慣があって、それも苦手だった。そういう行動をすると私自身も〝女の子〟になってしまうようで、とにかく避けた。わざと男子みたいな歩き方をして、自分が極力〝女の子〟に見えないようにふるまっていた。それでも、入学当初から感じていた違和感はぬぐえなかった。ずっと心のどこかがモヤモヤする日々を過ごしていた。

けれどもいつのまにか、「嫉妬《しっと》や陰口は〝女の〟特徴だと言われるけれど、男の人だって焼きもちを焼いたり陰口を言ったりするんじゃないか」と思うようになった。逆に、世話好きとかやさしいとか〝女らしい〟とされる性質を持っている男の人だっている。人それぞれ違う性質なのに、誰がそれを〝女の〟とか〝男の〟と性別と結びつけて言うんだろう。性格や行動と性別は関係ない。それに気づいたおかげで、スッと肩の力が抜けた。それからは男とか女とかを意識しないで、素の自分でいられるようになった。

高校に上がる頃には、苦手だった〝女の子っぽい〟服装にも徐々に抵抗がなくなっていった。校則違反だったけど、先生がいないところではスカートを短くして、当時流行っていたミニスカートにギャルっぽいメイクで遊びに行き、おしゃれを楽しんだ。

男らしさ、女らしさという、外から押しつけられた枠にはまる必要はないと気づいてから、安心して自分らしくいられるようになったし、好きなファッションを自由に楽しめるようになった。

卒業して大阪へ

二〇〇五年夏、高校を卒業した私は、劇団きんしゃいを辞めて、もっと本格的に演劇をやるために、大阪に出ることにした。両親が若い頃大阪で働いていた時の話を聞いて楽しそうな街だなと思っていたのと、もともと喜劇が好きだったので、お笑いの本場である大阪は修行するのにいいだろうと思ったのだ。

卒業した後も進路は定まっていなかったけど、市民劇団の五月の舞台公演が終わって落ち着いた頃、仕事探しを始めた。まずは収入源を確保してから、入る劇団を探そうと考えたのだ。

たまたま大阪にある寮付きの会社を見つけたので、面接を申し込んだ。ところがそれを聞いて父は頭を抱えた。

「そんな突然……、電車賃やらホテル代やら、金はあっとか」

「ない！」

父は庭師だったが、腕一本で始めた根っからの職人気質で、自分から営業をするのが苦手だった。おまけにその頃から庭付きの家は減ってきていて、ましてや父の得意とする日本庭園などほとんど需要がなく、家計はひっ迫《ぱく》していたらしい。仕方なく父は祖母の形見である金の指輪を売って、大阪へ行くお金を持たせてくれた。

おかげで面接には晴れて合格し、私はある会社の紳士物オーダースーツの営業販売員として採用された。面接では、いかにも高級そうなスーツや時計がずらりと並ぶブティックを案内され、「ここで来店されたお客様に接客するのが主な仕事です」と説明された。パリッとした紳士服が整然と並ぶ様子にワクワクした。

入社して二週間ほどは、そのブティックでスーツの生地の勉強や採寸の仕方などの研修を受けた。寮は狭かったけれども、家賃は会社持ちだし気にならなかった。むしろ、初めての一人暮らしは心が躍《おど》った。

こうして私は、大阪での社会人生活をスタートすることになった。だけど初めて勤めたその会社は、想像を絶する地獄だったのだ。

初勤務はブラック会社

研修期間が終わって先輩社員のいる事務所での仕事が始まると、私はそれまで聞いていた話との違いに驚愕《きょうがく》した。実際に任された仕事は、毎日一人でも多くの人に電話をかけてアポを取り、お客さんに服を売るという内容だった。だから、業務時間中はアポが取れるまでずっと受話器を握って電話をかけていた。

「こんにちは、初めまして！　私〇〇というブティックの者なんですが、今アンケートを実施してるんですけど〜」

トランスミュージックが大音量で流れているフロアで、普段家族や友達と話す時の一〇倍くらいのテンションで電話をかけ、マニュアルを読み上げていく。といっても、知らない番号からの電話は、なかなか取ってもらえない。運良く繋《つな》がっても、営業電話だと知るやいなやブチッと切られることがほとんどだった。

たまに気の弱そうな人が話を聞いてくれると、チャンスとばかりに「どこに住んでいるの？　仕事は？」とマシンガンのように質問を連発してお客さんの情報を聞き出し、「わぁ、すごい」「え〜、おもしろい」と大袈裟《おおげさ》にリアクションを取り、時には自分の身の上話などを交えながら親近感を抱かせていく。

三〇分も会話をすれば、相手の職業や年収、休日の過ごし方や交友関係などが把握できた。そしてお客さんが私に興味を持ったところで、「〇〇さんとしゃべってると楽しいな！　一回会ってみようや！」と切り出す。

「うち今スーツの展示会やってるねん。めっちゃかっこいいのん置いてるから特別に招待するわ！　気に入るのんあったら買ってってな！」

そうやって展示会に誘い、一着五〇万円ほどの高級スーツを買ってもらう、というわけだ。

上司によれば、スーツの展示会で気に入ったら買ってほしいと最初に目的を明示しているから、デート商法には当たらないそうだ。そうは言っても相手の感情につけ入るのだから、悪質さでは大して変わらないだろう。もちろん、面接ではこんな仕事だとは一言も教えてくれなかった。

大音量の音楽と電話をかける同僚の甲高い声が飛び交う職場で、朝から終電まで電話をかけ続けていると、耳が痛くなり、声はガラガラになった。

そのうえ、社長のパワハラがひどくて精神的にもこたえた。朝礼では社長の前で自らノルマを高く設定させられ、達成できないと翌日、社員が居並ぶ中、「どないなっとんねん！」と怒鳴られ、詰《つ》め寄られた。

それだけでなく、社長はすぐモノにも当たった。灰皿や携帯電話が飛んでくることもしょっちゅうだった。運悪く社長の向かいの席だった私の机の側面は、イライラした社長が蹴《け》った跡でボコボコになっていた。

こんな会社、すぐにでも辞めたかったけど、労働条件や結婚を理由に退職を申し出る社員に、社長が「お前なんか雇ってもらえる会社ほかにどこもないわ」「お前なんぞが結婚なんて百億年早いんじゃ」などと罵声《ばせい》を浴びせ、取り合わないのを何度も見ていると、あきらめの気持ちがわいてきた。

それに親にお金を工面してもらって長崎から出てきた手前、ちょっとやそっとじゃ帰れないとも思っていた。辞めるにしても寮を出て家を借りるためのお金が必要だ。残念ながら私の業績はあまり良くなかったから、辞めるためにはまずはお金を貯めなければならない。でも、そのためにはノルマをこなさないと……。

会社のことを考えるとこんなふうにいつも堂々巡りになって、結論はなかなか出なかった。心も体も疲れ切っているのに、仕事が終わってもノルマのことが頭を離れなくて、いつのまにか、「本物の喜劇をやりたい」という大阪に出てきた当初の目標を考える余裕もなくなっていった。

私はお金を貯めて一刻も早くこの地獄から抜け出すために、キャバクラでアルバイトをすることにした。朝から終電までは会社員、その後キャバクラで朝の四時まで仕事。明け方ちょっとだけ寝てまた会社に行くという生活。心身ともにボロボロだったが、昼夜を問わず必死に働いた。

キャバクラとのかけもち勤務を始めて半年経ったある日のことだ。朝礼では、またもノルマを達成できない社員を責める社長の怒鳴り声が響いていた。いつも通りの光景なのに、なぜか目からひとりでに涙が出ていた。ちょうどキャバクラでの収入が増えて、多少の貯金もできていた。これ以上この会社にいたらダメだと感じた私は、すぐに部屋を借り、寮の荷物をまとめ、逃げるようにして会社を辞めた。

華やかな世界の裏側で

二〇〇六年、大阪に出てきてもうすぐ一年が経とうとしていた。オーダースーツ販売の会社を辞めてすぐ、心斎橋《しんさいばし》のショッピングビルに入っているアパレルショップで販売員の仕事を始めた。前職で紳士服は嫌というほど見てきたので、反動からか、今度は若い女性向けの、二万円も出せば〝合コン必勝コーディネート〟が全身そろうようなブランドを選んだ。

これまで着たことのないタイプの服を着て店頭に立つのは新鮮だったし、売上目標を達成できなくても前の会社のようなペナルティはなかったので、精神的には遥《はる》かに楽だった。けれども、アパレルの販売員の世界もけっして甘くはなかった。

例えば、販売員は商品モデルとしての役目も兼ねているので、仕事中は自社ブランドの服を着なければならない。だけど、自分の好きな服をなんでも選べるわけじゃない。お客さんから「その服欲しい」と言われた時に「売り切れです」なんて言えないから、店頭で着られるのは在庫のある服だけ。販売員同士も服がかぶらないようにしないといけない……など、いろいろ制約があったのだ。

そのうえ、仕事用の服の代金は自腹だった。従業員割引で買えるとはいっても、毎月二〜三万円は洋服代にかかった。そもそも給料が低く、手取りが一四万円ほどしかない中で、洋服代と家賃、携帯代、光熱費を出したら、手元にいくらも残らなかった。同僚のほとんどは実家暮らしだったけど、一人暮らしの場合は、ほかに仕事をかけもちして足りないお金を稼いでいた。私も例外ではなく、結局キャバクラ勤めも続けざるを得なかった。

見た目は華やかな販売員の仕事は、体力的にもかなりハードだった。ゆうに七センチはあるヒールをはいて、店頭の冷たく固いフロアに八時間立ちっぱなしなので、足はパンパンにむくんだ。商品を倉庫に在庫確認しに行く時は、お客さんをお待たせしないよう、バックヤードではダッシュしなければならないのもきつかった。

セールともなればもはや戦争状態。私が勤めていた店舗は全国でも売り上げが良かったので、「もっと売れ!」と言わんばかりに、他店で余った在庫の詰まった大きなダンボールが、連日のように送られてきた。運送会社の人でさえ歯を食いしばって持ってくるほどの重い箱を、ひらひらのワンピースを着た販売員たちがヒールのまま運ぶのだ。さらにそこから、その大量の服の値札シールを貼り替え、店頭に並べる作業が待っていた。

セール中は営業後も倉庫にこもって、割引シールをえんえん貼り続けることもあった。洋服の山を一つ一つチェックして、ぎゅうぎゅうに吊《つ》り下げられたワンピースやスカートの隙間《すきま》から目当ての商品を取り出しては、割引シールを貼って元の場所に戻していく。時々、棚に詰め込まれたビニール袋入りの商品の山が崩れて、頭の上に雪崩《なだれ》のようにすべり落ちてきたりもした。倉庫の床に散らばった商品を片づけながら、

「こんなに売れていくのに、在庫が減らないのはなぜだろう」と不思議に思った。

そうして働きながら見えてきたのは、アパレル業界が抱える矛盾《むじゅん》だった。

在庫を置いておくのも倉庫代がかかるし、服は流行の移り変わりが激しいうえ、季節商品なので、あるシーズンに作ったものは、安くしてでもそのシーズン中に売り切らなければいけない。でも、不況の影響もあって消費者の財布のヒモは固い。他社との競争に勝つためにセールの時期をどんどん早めたせいで、消費者は値下がりするのを待つようになってしまった。

また、製造段階でも、多くのメーカーは、実際に売れるであろう数よりも余分に製造数を見積もって、最初から二割程度は捨てる前提で大量生産するという話も聞いた。ある商品がヒットしてシーズン中に在庫不足を起こすよりも、全部たくさん作っておいて売れ残ったら捨てる方が、収支のリスクは低いのだそうだ。だから、店にはどんどん在庫が送り込まれることになる。

仕方のないことなのかもしれないけど、この悪循環《じゅんかん》をどうにか断てないのだろうか、とセールの準備をするたびにいつも思っていた。

社会に出て知った男女のカベ

アパレルショップに勤めてしばらくすると、販売員の仕事は収入があまりに低くて一人暮らしでは食べていけないことがわかってきた。でも、いくら二〇歳で若くて体力があるといっても、毎日八時間近く立ち仕事をしたうえ、夜中もキャバクラで働くというのは、さすがにしんどかった。アパレルの販売員とキャバ嬢では時給も雲泥《うんでい》の差だから、体力とお金のことを考えたら、最初は副業のつもりだったキャバクラが、だんだんメインになっていった。

キャバクラでは、私はどちらかというと、店でのトークで盛り上げるタイプだった。売れっ子になるのは、美人やグラマラスな子よりも、癒《いや》し系でお客さんの話を聞くのが上手なタイプの女の子で、店で一緒にお酒を飲んだりおしゃべりしたりするだけでなく、勤務時間外にも、お客さんに通ってもらうためにメールして、営業をする必要があった。でも、私は興味があること以外まったく目に入らない性格だったから、店の仕事が終わってからお客さんに地道に営業メールを送るようなマメなことなんてできなかった。

　そのせいか、私を指名するお客さんは一風変わった人が多かった。一言もしゃべらないのに何時間も延長する人、オレンジジュースを一杯だけ飲んで帰る人。一番びっくりしたのは、一〇歳くらいの娘さんを連れてきた人だった（さすがに未成年連れはまずいので帰ってもらったけど）。お客さんの職業もバラエティー豊かだった。風俗店のオーナー、自称警察官、謎の活動家、ジャーナリスト、占い師……なぜか、キャバクラで一番多い客層であるはずのサラリーマンは一人もいなかった。

　夜の仕事では、良い意味でも悪い意味でも、自分が〝女〟として扱われるのが新鮮だった。高校までは男の子っぽくふるまっていたこともあって、異性にモテるという経験がなかったけれど、キャバ嬢になってからは髪を伸ばし、体のラインが出る服を着て、しゃべり方や仕草を女性らしくするだけで、男の人に急にちやほやされるようになった。こんなに少しのことで扱いが変わるのかと、とてもびっくりした。

　もちろん、いい思いばかりじゃなかった。「女だから」といってこちらを下に見てくるお客さんも多かった。キャバクラで働いている時はもちろん、例えばタクシーに乗った時などに、運転手にわざと遠回りされたり、かかってきた電話に出ただけで「姉ちゃん、そういう時は電話に出てもいいですかって聞くもんや！」「これやから今時の若い女は」と理不尽な説教をされたりと、何度も嫌な目に遭《あ》った。会社員時代に男性の上司とタクシーに乗った時は、そんな対応をされたことは一度もなかったのに。

社会に出るまでは男か女かなんて関係ないと思っていたけど、実際はそんなことはなかった。職場でもプライベートでも「女のくせに」「女は黙っとけ」という空気をビシバシ感じることが増えた。そしてキャバクラ勤めを始めて、より女性らしい服装をするようになってからは、もっとあからさまに感じた。

そんな目に遭うたび、なんで〝女〟というだけでこんな扱いを受けなきゃいけないんだと、とても腹が立った。まるで〝私〟という人間でなく〝女〟という記号で判断されているみたいだった。そういう経験が増えるにつれ、いかに世間が表面的な性別だけで人を判断し、態度を変えるのかを思い知った。

アパレル販売の本来のあり方

大阪での夜の仕事はそれなりに楽しかった。けど、キャバ嬢を始めてから二年近く経った頃、昼夜逆転の生活と毎日の飲酒がたたって、じんましんが出、四〇度近い高熱が二週間以上続いたことがあった。死ぬかもしれないと思うくらい辛くて、一度体調を整えるために休んだ方がいいと思い、仕事を辞め、長崎に戻ってしばらく療養《りょうよう》することにした。ボロボロになって故郷に帰った私を、両親は優しく迎えてくれた。

やはり過労のせいだったのだろう。実家で十分休んだおかげで、すぐに体調も良くなった。一か月ほどプラプラしていたが、ずっと親のスネをかじるわけにもいかないので、リハビリも兼ねて地元のブティックで販売員のアルバイトを始めることにした。

そこは大阪で働いていた「売ってなんぼ」の薄利多売《はくりたばい》の世界とは対照的な、顧客《こきゃく》をとても大切にするお店だった。お客さん一人一人の体型や購入履歴をしっかり管理して、これまでそのお店で買った商品も含めたうえで、全身のコーディネートを提案しながら販売していた。お客さんも、服を買うだけではなく、オーナーや店長との会話を楽しみに来ているようだった。

単なる〝店員とお客様〟というだけではなく、人と人との繋がりを感じた。それまでアパレル業界のやり方に疑問を持っていたけど、ここで働いてみて、これがアパレル販売の本来のあり方なんじゃないかと思うようになった。

再び大阪へ、そして結婚

ブティックの仕事は楽しかったけど、長崎は人も町も穏やかで、刺激の多い大阪とは違った。故郷を離れ二年ほどの大阪暮らしで都会の感覚に慣れていた私は、少しずつ長崎のゆっくりしたペースが退屈に思えてきた。

そんな時、キャバクラで働いていた頃の同僚から、大阪のミナミでバーをオープンして、スタッフを募集するという連絡が来た。

「四人集めなあかんねん！　かわいい子は三人そろったから、あとはしゃべれる子が必要やねん！　あんた来て！」

その言い方に少し引っかかるところはあったが、私はもう一度大阪に行って働くことにした。二〇〇八年の秋だった。

オープンしたての真新しいバーでは、夕方五時になるとサローンというエプロンを腰に巻いて、チラシを手にミナミの町に飛び出していった。新店を軌道《きどう》に乗せようと、毎日呼び込みをした。地道な営業活動のおかげか、少しずつお客さんがついてきた。

「今日もがんばろうな！」

「今日は売り上げ良かったな！」

毎日スタッフ一丸となって、店を盛り上げるために必死になった。まるでサークル活動みたいで、青春という感じがした。だけど、やっぱり毎日お客さんとお酒を飲み続けるのは体力的にしんどくて、しばらくしてまた体がついていかなくなった。

ちょうどその頃、常連のお客さんから「顔色悪いで、夜の仕事そろそろ辞めた方がええんちゃうか？　うちで働き」と誘われた。その人はネット販売の会社を経営している社長さんで、私もそろそろ昼の仕事がしたかったので、渡りに舟とばかりにその会社の事務員として働くことになった。

だけど今度はその社長に、連日連夜、明け方まで飲みに連れて行かれるようになってしまったのだ。断ってもなんだかんだ理由をつけては付き合わされる羽目《はめ》になった。それに、社長は極度の寂しがりやで、あまり冷たくするのはかわいそうにも思えた。でも、そこで同情してしまったのがあだになった。

結局また昼夜連続で休みなしの生活に逆戻り。こんなことならバーで働いていた方がましだった。社長は気ままに昼頃から出勤してくるけど、私はヒラ社員だから朝からの仕事をさぼるわけにはいかない。このままではまた体を壊してしまう……。

久しぶりの休みの日、連日の社長のお供にうんざりしていたので、たまには一人でと入ったお店で、ある男性と出会った。

「お姉さん大丈夫？」

はたから見てもひどいくらいに疲れきっていた私を心配して、声をかけてくれた人だった。とても紳士的で、初対面とは思えないくらいに話が合ったので、連絡先を交換することになった。

その後も仕事について相談に乗ってくれ、交流が続いた。彼はいつも的確なアドバイスをくれて頼りがいがあった。二〇歳近く年が離れていたけど、そんなことは気にならなかった。約束して何度か会ううち、私の中でとても大切な人になっていた。彼もそれは同じだったようだ。

結婚願望はまったくなかったけど、タイミングや相性が良かったのだろう。出会って七か月が過ぎようとしていた頃、私たちは夫婦になった。

二〇〇九年夏、私は二三歳になっていた。

大学に行きたい！

結婚三年目の二〇一二年の冬、私はなんと大学の受験勉強の真っ最中だった。

結婚後しばらくは専業主婦をしていた。やりたい仕事がないなら無理に働かなくていいという夫の言葉に甘えた。自分のお小遣いくらいは稼《かせ》ぎたいと思い派遣会社に登録したりもしたものの、高卒の私にはほとんど仕事は回ってこなかった。

「まぁ、働き詰めだった毎日に比べたらはるかに健康的な生活だし、気持ちの余裕もできたしな」と初めは思っていたけど、家事だけの毎日に、だんだん物足りなさと漠《ばく》然《ぜん》とした不安を感じ始めていた。

気晴らしに新しいことでも始めようと、お料理教室に通ったり、ジムに通ったりしてみたけれど、どれも長く続かなかった。このままでいいのだろうか。夫は二〇歳近く年上だから、私が事故に遭うか病気にでもならないかぎり夫の方が先に死ぬだろう。社会とも離れ、何の取り柄《え》もない自分が残された未来を考えると不安しかなかった。この頃の私は、精神的に不安定になってちょっとしたことでイライラしたり、泣いたりしていた。

そんなある日、数人の友人から離婚の相談が立て続けに舞い込んできた。基本は浮気されたとか家事を手伝ってくれないといったパートナーとのいざこざの話なのだが、二言目には「男ってさぁ……」「女ってさぁ……」と別の生き物であるかのように〝男〟〝女〟について語り出した。友人達の話を聞くうちに「なぜ男女はこんなにも分かり合えないのだろう」と疑問が浮かんだ。

結婚してまだそんなに時間が経っていない私には友人の話を聞くことで精一杯で、具体的なアドバイスはできなかった。そのモヤモヤを払拭《ふっしょく》したいと、本屋に駆け込み、夫婦を題材にした小説やエッセイ、ハウツー本など片っ端から物色した。

そのうちにたどりついたのが、心理学の本だった。心理学にきちんと触れたのは初めてで、こんなにおもしろい学問があったのか、勉強ってけっこう楽しいかも、と夢中になった。

ちょうどそれと同じ頃、録画していた再放送の『ドラゴン桜』を一気に見た。阿部《あべ》寛《ひろし》演じる弁護士が倒産間近の学校を立て直すため、落ちこぼれ高校の生徒に受験必勝法を教え、東大を目指すドラマだ。

指導法を変えるだけで、勉強が苦手だった生徒たちがみるみるうちに成績を伸ばしていく姿に影響されて、私も大学で勉強してみたくなった。そういえば私が高校を卒業した後、ブラック会社で過酷《かこく》な毎日を送っている時に、同年代の大学生たちが楽しそうに青春を謳歌《おうか》しているのを見かけるたび、うらやましいなと思っていた。

「私、大学に行きたい！　心理学を勉強したい！」

思い切って夫に相談してみると、「勉強はいいことやで」と思いがけず夫も背中を押してくれた。

生まれて初めて、必死に勉強

さっそく受験申し込みにギリギリ間に合う大学を探して、願書を取り寄せ、試しに受けてみた。でも、そんなに簡単に合格できるほど大学受験は甘くはなかった。子どもの頃から勉強嫌いだったうえ、卒業してからも机に向かうことなど一切なかった私の実力では、いきなり大学に受かるはずはなかった。

だけど私は一回落ちたくらいではあきらめなかった。その次の年の合格を目指して、受験勉強がスタートした。

私の志望校の社会人入試は英語と小論文と面接が必要だったから、英語は中学レベルからの再スタート。中学生向けの問題集を買ってきて毎日コツコツ解くことにした。小論文も、日々テーマを変えて書く練習をした。「ただいま！」と夫が帰ってくると、晩ご飯も早々に、その日書いた小論文を見せては感想をもらって、何度も書き直しを重ねた。最初は難しかったけど、ネットやテレビで世の中の動きを調べて自分で考えたり、それを文章にしたりするのがだんだん楽しくなってきた。こんなに勉強したのは初めてじゃないかというくらいに受験勉強に集中した。

そしていよいよ受験の日。英語はちょっと心配な出来、小論文はなかなかの手ごたえだった。面接では「今の時代、本やインターネットなどいくらでも自分で勉強できますよね。なぜわざわざ大学に入ろうと思ったのですか？」と聞かれた。私は「たしかに情報はどこにでもあります。ですが、インターネットで一方的に情報を受け取るだけではなく、一つの事柄についてああでもない、こうでもないとともに考える仲間が欲しいと思いました」と答えた。

次の春、私は無事に入学式を迎えた。買ったばかりのパリッとしたスーツに身を包み満開の桜が咲き誇る正門をくぐった。周りには希望に満ちた顔に初々《ういうい》しいスーツ姿の子たちがたくさんいた。

「こんなに若い子たちと同級生になるのか……」

式が終わって会場を出ると、外で待ち構える保護者の一団の先頭で、夫が満面の笑みで、ちぎれんばかりにこちらに手を振っていた。現役合格を果たした同級生に「お父さん来てくれてるの？」と聞かれて苦笑してしまった。彼女はまさか私がもう二五歳で、しかもあんなに年の離れた人と結婚しているとは思わなかったのだろう。

二〇一二年春、こうして私の遅咲きの大学生活がスタートした。

ドキドキの学生生活

七つ年下の同級生に囲まれてやっていけるかなという不安もあったけど、それよりも「どんな勉強ができるんだろう」「学生生活ってどんな感じなんだろう」という期待の方が大きかった。

一年目は必修科目のほかに念願の心理学の科目をたくさん取った。勉強はもちろん楽しかったが、友達となんでもないおしゃべりをしたり、一緒に遊びに行ったりするのが何よりも楽しかった。

部活にも入った。新入生はサークル勧誘のチラシ攻《ぜ》めにあうものだけど、私に手渡されたのは、速記部と映画研究部の二枚だけだった。きっと先輩たちも私が在学生なのか新入生なのかはかりかねたのだろう。

私はもともと演劇をやっていたし映画も好きだったので、さっそく映画研究部の部室を訪ねた。狭い部室の壁は映画のポスターで埋め尽くされ、自主映画の制作に使われたであろう段ボール製のお面や小道具、カメラや三脚といった機材が無造作に置かれている中に、五名ほどの部員が新入生を待ち構えていた。奥にあるボロボロのソファーで寝ている奴もいる。これぞ大学の部室!

一人の部員が、新入生にしては老《ふ》けている私を見て「大人っぽいですね。浪人ですか?」とストレートに問いかけた。「そんな感じです」。正直に年齢を明かすと壁ができてしまいそうな気がしたので濁《にご》して乗り切ることにした。

映画研究部では、自主映画の制作が主な活動らしい。脚本も役者も撮影も全部オリジナル。映画を一から作り上げることに興味をそそられて、すぐに入部届けを出した。同期は一〇人。いろんな学部の子が集まった。法学部に社会学部、外国語学部に化学生命工学部。心理学を学ぼうと入った大学だったけど、部活に入ることで友達の幅が広がった。

つい最近まで高校生だった同期とは、初めは会話の内容に困ったりテンポが合わなかったりしたが、一か月もすれば共通の話題も増えてすぐに打ち解けた。仲間の作品に役者として出たり、自分の短編映画を手伝ってもらったり、そうやって一緒に作品を作り上げるうちにお互いに遠慮なくなんでも言い合えるようになった。

こんなこともあった。ある日の飲み会の時、「僕は松村さんの作品が嫌いです！」と、坊主頭にメガネでいつも眉間にシワを寄せているK君が、真っ向から私の作品を否定してきた。「特に、一三分四〇秒あたりの公園のシーンの……」。ああだこうだとずーっと細かい指摘が続く。「K君、私の映画、何回観たん？」「二四回観ました」「何回観てんねん！　それ嫌いじゃなくて好きやねんで」「いいえ！　大っ嫌いです!!」

年齢など関係なく率直にものを言える仲間たちとの日々は楽しかった。思い返せば、大学時代はほとんど部室に入り浸《びた》っていたと思う。

従順なだけじゃダメ

友だち付き合いはうまくいっていたけど、その一方で、周りとのギャップを感じることもあった。それは「どうしてみんなこんなに従順なんだろう?」ということ。決まり事には一切逆らわなくて、理不尽だと思っても結局はしょうがないと従うのだった。それは世代差のせいかもしれないし、生まれ育った地域や社会人経験の有無といった違いなのかもしれない。でも、私にはそれがもどかしくてたまらなかった。

例えば、専門学科への振り分けの時。当時私の大学では、一年生では学部全体で共通の授業を取り、二年生に上がる時に、一年目の全科目の総合成績に応じて各専攻に分けられるようになっていた。この制度のせいで、私は希望通りの学科を専攻できない可能性が出てきたのだ。

私は心理学科目の成績は良かったけど、語学や一般教養の成績が足りなかった。どうしても心理学をやりたいという強い意志でがんばってきたのに、専門とは無関係の科目の成績のせいでやりたい勉強ができないなんて。納得がいかなかったので、どうにかならないかと事務の人に交渉しに行った。

この制度ではまんべんなく成績がいい人の希望が優先されることになるが、大学は平均的な人間を育てるところではないはずだ。それではただの就職予備校になってしまう。事務担当者にそう伝えたが「お気持ちはわかります。でもそういう決まりなので……」とかわされ、最後までその調子だった。

窓口に訴えたところで制度が変わるわけではないことはわかっている。でも決まりに従っているだけでは何も変わらない。一方、同級生はそもそも私が事務局と交渉したこと自体に驚いていた。この交渉が功を奏したのかはわからないけど、結果的には、私は希望通り心理学を専攻できることになった。

私はそうやって何かあるたびに担当者と交渉しに行っていたけど、そんな私の姿は同級生の間では異端《いたん》だったようだ。ある時、部室の窓の鍵を締め忘れたことが問題になって、学生課から上映会の中止を勧告された時も、「それとこれとは話が別だ」と直談判《じかだんぱん》しようとしたら「これ以上、事を荒立てたくない」と止められたこともあった。

こういう私の態度に友達は「それってクレーマーちゃうん？」と言うこともあった。でも私は交渉とクレームは違うと思う。世の中には欠陥があったり、ただ合理的だからというだけで作られた規則もたくさんあるのに、黙ってそれに従っているだけでは自分がしたいことはできない。ほかからの指示に従うだけの、ただのロボットになってしまう。

自分の主張に筋が通っていると思うなら、それをちゃんと伝えた方がいいと思う。何も行動しないで陰で文句だけ言っていても何も変わらない。ルールに明らかな問題があったら、そのルールを変えるように訴えかけ、行動することも大事だと思うのだ。

服作りがしたい！

二〇一六年に関西大学を卒業した後、大学院に進もうとしたが、内部進学にもかかわらず試験に落ちてしまった。正直、合格すると思っていたので驚いた。というのも、内部進学は受かりやすいと聞いていたし、希望したゼミは、自分が学部生としてお世話になっていた先生の担当だったからだ。

私は、何が落ちた原因なのか先生に聞きに行った。

「君は心理学のような抽象的な概念を構築することより、人とコミュニケーションを取ったり、手先を使ってクリエイティブなことをしたりする方が向いてる」

先生の言葉はすーっと入ってきた。

それでもやっぱり進学をあきらめきれなくて、卒業後は他大学の院試を目指して勉強を重ねた。私が研究しようと思っていたのは、認知心理学の錯視《さくし》（目の錯覚）を数値化するというものだった。院試に向けて、試験に必要な論文を読み、英語の勉強をする毎日。でも英語が苦手なうえに論文を読むのも大の苦手。いくら興味のある分野といっても、小難しい内容が英語で書かれている論文を延々と読み続けるのはしんどかった。ある日、いつものように寝ぼけまなこで論文に手を伸ばした瞬間に、体じゅうにじんましんが出た。

このままでは病気になってしまう！

私は以前倒れた時のことを思い出し、気晴らしをしようと、なにげなく壊れた靴の修理を始めた。ちょうど当時レースアップパンプス（甲の部分にヒモがついて結べるようになっているパンプス）が流行っていたので、あれなら自分で作れるかも、とついでにアレンジを加えてみた。自分でも驚いたことに、手作業に没頭していると、一日中飽きることがなかった。気持ちがワクワクして、食事の時間も惜しいくらいだった。勉強をしている時とはえらい違いだ。

そういえば子どもの頃も、ひとりで黙々と物を作って遊んでいたな。たしかにゼミの先生がおっしゃった通り、私には学術的な研究よりも、手先を使ったクリエイティブな仕事の方が向いているなと痛感した。

やっぱり自分の気持ちに正直になろう。

その日、帰ってきた夫におずおずと「やっぱり物作りがしたい」と打ち明けてみた。夫はこれまで、私の進学を応援して、勉強に付き合ってくれたり、参考書を買ってきてくれたりしていただけに、とても申し訳ない気持ちでいっぱいだった。でも意外なことに、夫の第一声は「ええんちゃう」だった。

「ここであきらめたら、大学に入ってからの四年間、勉強してがんばってきたことが無駄になると思ってるやろ？　でもそれは無駄にはならんから。むしろ、向いてないかもと思いながらイヤイヤ研究する方が無駄やで。自分がやりたいことをやった方がええ！」

夫は私の進路変更を責めるでもなく、前向きに受け止めてくれた。その声に背中を押されて、私は物作りの道へ進むことにした。

服作り開始！

何を作るか、ということは不思議と悩まなかった。夫に話した次の日、私はさっそく業務用のミシンを購入した。

「服を作ろう！」

その日から、着古したブラウスの糸をほどいて型紙を取ったり、洋裁の本を買ってきたりして、見よう見まねで洋服を作り始めた。

ガタガタガタガタ、ガタガタガタガタ、ガタガタガタガタ……。

家の中には朝から晩までミシンの音が鳴り響いていた。自分で言うのもなんだが、手先が器用だったので細かい作業が苦にならなかった。それに、こういう作業にはものすごい集中力を発揮できるため、すぐにそこそこのクオリティーのものを作れるようになった。

ミシンを始めて二か月後、袖口がフレアになっているブラウスを作った。母にプレゼントするとたいそう喜んでくれた。ほかにも、友達の結婚式のドレスを作ったり、大学の後輩にワンピースを作ったりした。安定したクオリティーで服を作れるようになってからは、ハンドメイドのファッション雑貨に特化したショッピングサイトで販売したりもするようになった。「ブローレンヂ」というブランド名を使い始めたのもこの頃からだ。

ところが、だんだん独学だけでは物足りなくなってきた。自分の作りたいイメージに実力が追いついていない。そのギャップを埋めるためにも、もっと本格的な服作りの技術を身につけたくなった。でも、服飾の専門学校は授業料がとても高い。今からまた三年間学校に通う気にもなれなかった。

いろいろと調べた結果、天神橋筋《てんじんばしすじ》六丁目にあるマロニエファッションデザイン専門学校で短期間でパターンについて学べるコースを見つけ、通うことにした。実習は月に一回、実際に白い布をマネキンにあてて針で留めながら、立体裁断という手法で服の原型を作っていく。半年間でパターンの基礎をしっかりと学ぶことができた。

今まで独学だったから、既存の型でしか服を作れなかったけど、パターンの引き方を勉強すれば、オリジナルの型紙を作ることができる。１ミリ単位の調整が必要な作業を、先生はものすごいスピードでこなされるので、毎回授業には動画を撮りながら臨《のぞ》んだ。

おかげで、半年間でなんとかオリジナルの型の服を作れるようになった。これまではちょっとした趣味のハンドメイドだったけれど、これからはもっと本格的に服を作ろう。そして、ブローレンヂを、ほかのどこにもないような私だけの洋服ブランドにしよう。決意を新たに、私は製作を開始した。

第2部

ひとりでブランドを起ち上げる！

ニッチを探せ——コンセプト決定

どんな服を作るかについては、ハンドメイドをしていた頃から一つのアイデアがあった。「錯視」を服のデザインに取り入れることだ。

錯視というのは先ほども出てきたが、いわゆる目の錯覚のことで、大学で心理学を勉強していた時に知った。ある条件がそろうと、実際より物が大きく見えたり、色や形が違って見えたり、あるものがないように見えたりと、視覚認知の錯覚が起きるのだ。

下のような図を見たことがないだろうか。二本の棒の両端に矢印（＜＞）がついていて、それぞれ矢印の先端が外側と内側に向いている。棒の長さは同じなのに、矢印が内側を向いている②の方が長く見える。

①
②
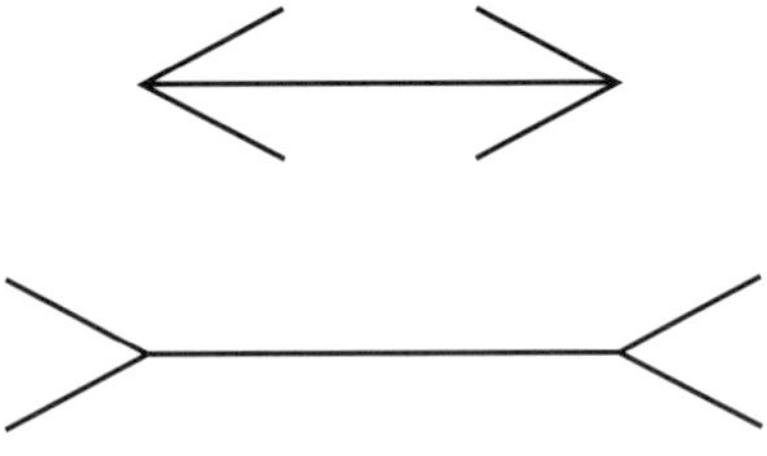

これは線の両側についている矢印が内向きか外向きかで、同じはずの直線の長さが違って見える錯視の一種だ。このような錯視を起こす条件を服のデザインに取り入れたら、スタイルがより良く見える服が作れるのではないかと思った。

まずは、後ろ身ごろの裾《すそ》の長さを極端に長くすることで、足が長く見えるデザインのライダースジャケットを作ってみた。自分でも満足のいく出来映《できば》えで、これは売れると思った。でも、これだけでは何かが足りない。レディース服のブランドはほかにも山ほどあるのだから、もっとブローレンヂだけの武器になるような要素が必要だと思った。

ブランド作りの参考になるような本がないだろうかとヒントを求めて、本屋さんに行ってみた。マーケティングやビジネス書のコーナーを物色していたところ、たまたま良さそうと直感で手に取ったのがフィリップ・コトラーの『マーケティング・コンセプト』を解説する本だった。読み進めていると、ある言葉が目に留まった。「ニッチを探せ」。

家に帰って続きを読んでみた。ニッチというのは市場のスキマのことだ。隠れた需要はあるのに見落とされていて、まだほとんど誰も参入していないような事業。みんなと同じようなことをしていては、大きな会社に負けてしまう。小さな会社や私のようにひとりでブランドを起ち上げるような場合には、まだ誰も作っていないようなものを作ることが大切なのだ。

じゃあ、錯視を使ったデザインの服を一番欲しているのってどんな人だろう？　そこでふと思い出したのが心斎橋でアパレル販売員をしていた頃のことだった。

「やっぱり入らなかった〜」と試着したワンピースを返される、悲しみを隠すようなお客さんの笑顔。働いていた店には、ブラウスやスカートを求めに来られる男性のお客さんも時々みえた。

そういうお客さんはたいてい服をじっと見たり、手に取ったりして試着したそうなそぶりを見せるけど、店員が声をかけるとそっと離れていく。まれに試してくださっても、試着室のカーテンを開くと「サイズ合わへんかったわぁ」と服を返却される。口調は明るいけど、どのお客さんもどことなく悲しそうな目をしていた。なかには、小さいサイズを無理に着ているため、悪目立ちしてしまっている人もいた。

そこからさらに思い出したのは、大学時代に受けた性同一性障害についての講義だ。先生が見せてくれたVTRの主人公は、見た目は女性だけど体は男性で、戸籍とは異なる通名で生活している。見た目と戸籍上の性別が違うせいで、彼女は病院や受験をはじめ、日常生活のいろいろな場面で不利益を被《こうむ》る。時には差別的な扱いまで受けながらもがんばる主人公の姿に、心が痛んだ。

VTRを見た後、先生は私たちに問いかけてきた。

「戸籍を変えてあげたらいいのにって思ったでしょう？」

図星だったし、教室にいたみんなも素直にそう思った様子だった。先生は続ける。

「でもね、よく考えてみてください。このVTRの主人公は女の子が演じていますよね？　それも、小柄で華奢《きゃしゃ》な女の子です。でも、これがもし、ラグビー部にいるような屈強な体つきの人だったら？　髭《ひげ》跡が残っている、いかにも男っぽい人が演じていたらどう思いますか？」

今までそんなふうに考えたことはなかった。性自認が女性だからといって、体型まで女性的とは限らないんだとその時初めて意識した。

そうだ、男性的な体型の人も着こなせる、レディース服のブランドを作ろう！　体型に合った服があれば、シルエットが不自然で悪目立ちすることもないし、生活の上で苦労することも減るかもしれない。それこそ、錯視の効果をうまく使えば、骨格の違いをカバーして美しく着こなせる服が作れるはずだ。今までの体験から、これから自分が作る服のイメージがわいてきた。

二〇一七年二月、こうして「メンズサイズのレディース服を作る」というコンセプトが決まった。

Twitterでリサーチ開始――市場調査とニーズ分析

コンセプトを決めたら次は市場調査だ。男性的な体型でもレディース服をきれいに着たいと思っている人のリアルな意見を聞きたかった。女性装をしている人やトランスジェンダーの生の声を知るにはどうしたらいいだろう。

調べてみると、当事者はTwitterで交流したり、情報交換をしたりすることが多いのを知った。そこで私は新しいTwitterアカウントを作ってこうつぶやいた。

「女装子《じょそこ》（女性装をする人を指すネットスラング）のためのファッションブランドを作ろうと思っています。みなさんがどんなことで困っているか教えてください！」

Twitterでは＃（ハッシュタグ）を使って、自分が興味を持っている分野のニュースを探したり、そのテーマに関するツイートであることを示したりする。女性装をする人の間では「＃男に見えなかったらリツイート」「＃かわいいと思ったらリツイート」といったハッシュタグをつけて、自分の写真をアップする人が多かった。

私もみんなと交流するため、軽い気持ちでそのタグをつけて自分の写真を上げてみた。だけど、あまりにも体型が女性っぽかったせいで、写真を見たみんなに驚かれてしまった。

——え〜、ほんとに男の子!?

——見えない、どうやってるの、その体型！

——かわい〜!!

次から次にリプライ（返信）をもらい、ものすごいスピードで多くの人と知り合うことができた。私は知り合った人たちに、服に関する悩みをどんどん具体的に聞いていった。

既存のレディース服は肩幅がきつい、腰の位置が合わない、かといって大きいサイズにすると、ウエストや肩は入ってもほかの部分がぶかぶかになってしまう。ほかにも、着丈《きたけ》や袖丈が足りない、首回りがきつい、腕のたくましさを隠すために真夏でも長袖を着ている、などなど……。

実際に集まった声はとても切実で、既存のレディース服を着るとどんな部分が問題になるのか、どんなところに気をつけて服を作ったらいいのか、とても参考になった。

その過程で、当事者の中にはかわいいレディース服が入らないせいで、自殺まで考える人もいるということを知った。服が入らないことが、まるで服に拒否され、性別すらも否定されるように感じるのだという。私も中学生の時、それまでずっとはいていたメンズのダメージジーンズが入らなくなって辛かったことを思い出した。

着たい服を着られないせいで死を思うまでに追いつめられる人もいるという事実は、

とてもショックだった。もしその人たちが素敵に着こなせるデザインの服があれば、違和感も減るんじゃないか、もっと気持ちよく日常を過ごせ、自殺したいなんて気持ちも起こらなくなるんじゃないか。私は、自分の思いつきが、本当に誰かのために役に立つのかもしれないと感じ始めていた。

ところがその一方で、フォロワーのみんなと仲良くなればなるほど、困ったこともあった。みんなの本音が知りたいあまり、私自身も女装子であるようにふるまっていたことだ。初めは普通に女性としてTwitterを始めたのだが、当事者と思うように繋がれなかったので、苦肉の策だった。でも、いくら市場調査のためとはいえ、嘘《うそ》をついて情報を聞き出そうとするなんていいことじゃない。いつ本当のことを明かそうかとずっと悩んでいた。

最初にアップした写真はそれ以降も多くのフェイバリットやリツイートがされ、気づけば驚くほど多くの反応をもらっていた。私はもう耐えられなくなって、「ごめんなさい、実は私、女の子なんです！　服作りの参考のためにみなさんに嘘をついていました！」

と打ち明けた。

もしかしたら、仲良くなったフォロワーさんたちを傷つけてしまうかもしれない。申し訳なさでいっぱいだったが、フォロワーのみんなから返ってきたのは、思いがけない反応だった。私は批判されても仕方のないことをしたのに、みんなの反応はとても優しくて、むしろ「協力するよ！」とか「楽しみにしてるよ」と応援してくれた。

結果的には何もトラブルにならなかったから良かったけど、このことでもし誰かを傷つけていたらと思うと背筋が凍る。私のやろうとしていることを理解してくれて、応援までしてくれたフォロワーのみんなに、感謝の思いが止まらなかった。

「みんなの気持ちに報いるためにもなんとか完成させよう！」

そう誓《ちか》いながら、商品化に向けて試作品作りが始まった。

〝当たり前〟に着られる服に──デザインと生産体制の決定

服作りの第一歩はデザイン画から始まる。私はさっそく第一弾の商品化に向けて、デザインを考えることにした。

今から作るなら、夏に着られる服がいいな。でも腕が見えると男性っぽさが目立つから、レース素材で裾広がりの長袖をつけたらどうだろう。袖は太めの腕でも動かしやすいように袖ぐりを大きくとって、肩幅を小さく見せられるラグラン型にしよう。ウエストをくびれているように見せるために、袖と身ごろの切り替えにはカーブをつけよう。首回りは動かしやすいように襟ぐりを深くすることで胸板の面積を小さく。丸襟をつけて、かわいらしい雰囲気を出そう……。

涼しげで夏にぴったりの一枚だ。描き上がったばかりのデザイン画を見ながら、満足してひと息ついた。第一弾の企画「風に舞うブラウス」、デザインラフの完成だ。

さっそくデザイン画をTwitterに上げてみると、「かわいい！」「着てみたい！」との声。さらにみんなから聞いた具体的な要望を取り入れてブラッシュアップした。これをどうにかして形にして商品として売り出したい。だけど、どうやって作ったらいいんだろうか。

アパレル製造は分業制になっている。デザイナーが自分が作りたい服のイメージをデザイン画に起こして、パタンナーがパターンを引いて型紙を作る。その後、オートクチュール（一点物のオーダーメイド）なら注文ごとに服に仕立てていき、既製服なら工場にまとめて縫製《ほうせい》を発注する。デザイナーはデザインから縫製まで全工程に関わることもあるし、デザイン画やパターン起こしまでしかやらない場合もある。

私はまず、今までと同じようにハンドメイドで作ってネットショップで売ろうと考え、デザイン画をもとに試しに自分で縫《ぬ》ってみようとした。けれど、この服で使いたい布は繊細《せんさい》で柔らかく、カーブの部分が引きつれたり、ずれたりしてきれいに縫えなかった。やっぱり今の私の技術じゃ、作れるものに限界がある。かといって、うまく縫えるようになるまでミシンの練習をしている時間はない。

自分では縫えない部分を外注して、オートクチュールにすることも考えた。でも、それだとパタンナーや縫子《ぬいこ》への工賃を考えたら、一着一〇万円は軽く超えてしまう。

いくら着る服に困っているからといっても、世の中にそんな高価な服を買える人がどれほどいるだろうか。

私は、ブローレンヂの服を〝当たり前に〟着てほしかった。男性的な骨格の人がかわいいワンピースやブラウスを着ることを当たり前にしたかった。そのためには、たくさんの人に着てもらって、社会にインパクトを与えないとダメだ。クオリティの高い商品を大規模に作って、手に取りやすい価格に抑えるには、起業して工場で製造するしかない。よし、ブローレンヂをビジネスとして起ち上げよう！

でも、私みたいな普通の主婦にできるだろうか。アパレル業界で働いたといっても販売員の経験しかないし、縫製工場や生地問屋《きじどんや》とのコネもない。それに、そもそも工場に依頼できるほどの資金もない。

起業するのに何から始めたらいいのかわからなくて、とりあえずインターネットで「主婦、起業」で検索し、出てくる記事を読んでは、片っ端からヒントを探った。

すると夫が、主婦が開業資金ゼロで輸入ビジネスの会社を興《おこ》したブログを見つけて、教えてくれた。そのブログによれば、日本政策金融公庫という個人事業主や中小企業向けの融資をしている金融機関があって、その人はそこから融資を受けたらしい。

「これだ！」

私も融資を受けるためにさっそく相談に行ってみることにした。

お金がない！——資金調達

必要な金額は一〇〇〇万円。

生地代、縫製工場への支払い、ショッピングサイト立ち上げと運営に必要なお金をざっと計算して弾《はじ》き出した金額だ。

「うぉ〜、そんなに借りられるのか？」私は例のブログを参考に、日本政策金融公庫のホームページをじっくり読んだ。そして、この機関が貸付している女性対象の助成金（女性、若者／シニア起業家支援資金（新企業育成貸付））を申請することにした。

日本政策金融公庫というのは、一〇〇％日本政府が出資している金融機関で、すでに事業を行っている人や新たに事業を始めようとする人に融資するほか、自然災害や事業で損失が出た時にも融資を行っている。審査の日数が長い代わりに、銀行などに比べると金利が低く、小規模の事業や小口でも融資が受けやすいのが特徴だ。また、相談業務も行っており、創業や経営についてのアドバイスをもらうこともできる。

実際に助成金を申請してからお金を借りるまでは、面談の後に審査があり、早ければ二週間から一か月ほどで返事がくる。アイデアはあるけど、具体的にまとまっていない人や、起業なんて初めてで何から始めたらいいのかわからないという人のためには、創業の相談に乗ってくれる「ビジネスサポートプラザ」もある。私もまずはそこへ行って事業の相談をすることにした。

サポートプラザは日本政策金融公庫と直結しており、基本的には融資を受けられるようにアドバイスしてくれ、さらには自分の事業に詳しそうな担当者に繋いでくれる。私はサポートプラザに電話をかけ、相談日を予約した。

融資を受けたい！（1）――サポートプラザに相談

サポートプラザでの初相談の日。私は本気度が伝わるように、たくさん資料を用意して臨んだ。資料がなくても相談には行けるけど、事前に書類や計画があった方が「企画書のここをもっと多めに」とか「取引先が決まっている方がいい」とか具体的なアドバイスをもらいやすいからだ。

さらには、気合いを入れるために久しぶりにスーツを着た。かばんには自分で作った名刺と事業計画書も入れた。これも私の本気を示すためだ。

約束の時間に日本政策金融公庫大阪支店のサポートプラザを訪ねると、中のブースに通された。融資の相談員だから、お堅いビジネスマンのような人が来るのかな、と想像していたけど、やってきた担当者はとても腰の低い四〇代くらいの男性だった。

私は「よろしくお願いします」と若干《じゃっかん》緊張しつつ、用意してきた資料を差し出した。担当の方は資料を一目見るなり一言、「これはいけますね」。「よっしゃ！」と、思わず心の中でガッツポーズをした。

そして私は、なぜ男性でも着られるレディース服を作ろうと思ったのか、自分の幼少期の話などもふまえてとにかく話した。担当の方は熱心に耳を傾《かたむ》けてくれた。もう少し詳細な事業計画書を作るようにと、何種類かの書類のテンプレートをもらって、第一回目の相談は終わった。

それらを作成して一週間後、第二回目に臨むと、同じ担当者が対応してくれた。どうやらこの業界のことをいろいろ調べてくれたようで、

「大きいレディース服じゃダメなんですか？」

「ほかにも女装の方向けのネットショップはあるのにどうしてですか？」

「どれくらいのニーズがあるんですか？」

と、なかなか鋭《するど》い質問をされた。私は今まで調査した情報を頭の中でフル回転で掘り起こした。

「大きいレディース服はレディースの型を大きくしただけなので、男性の骨格とは合わないんです。例えば身幅《みはば》はぴったりだけど肩幅が足りなかったり、丈が足りなかったりして、きれいに着こなせるわけではないんです。女装の方向けのネットショップ

は、たいていそういった大きいレディース服を集めて売っているだけなので、当事者の方は、〝着られないことはないけど、苦しいし、なんか不自然〟と言います。だから、男性の体型に合わせてデザインされたレディース服が必要なんです！」

新規性や同業他社の有無といった裏づけをしっかり準備しておいたおかげで、なんとか落ち着いて答えることができた。それに、Twitterで知り合った人たちの生の声があったから、自信を持って説明できた。

内容については大丈夫だったけど、自己資金が必要だと言われて、ちょっとヒヤヒヤした。参考にした例のブログには、自己資金ゼロだったもののやる気が認められて融資を受けられたと書いてあった。しかし、それはかなりのレアケースで、普通は融資を受けたい額の三分の一くらいは自己資金を用意した方がいいそうだ。担当者によれば、専業主婦への融資額はおよそ三〇〇万円が相場だそうだ。その三分の一というと一〇〇万円。そんな大金を急に用意しろと言われて焦ったけど、専業主婦時代に貯金していたへそくりやアルバイト代、何かあった時のために取っておいた結婚祝いなんかを少しずつかき集めてどうにか用意できた。

融資を受けたい！（2）――助成金申請の面談

二週間後、いよいよ本番の面談の日がやってきた。私は二回目の面談以降もさらに数回サポートプラザに相談に行って練り直した事業計画書を元に、日本政策金融公庫の面談に挑《いど》んだ。

面談担当者は同世代の女性だった。聞かれた内容はサポートプラザでの相談の時と同じようなものだったから、落ち着いて答えることができた。おそらくサポートプラザの方は事前に面談で聞かれることを想定して質問していたのだろう。前もって突っ込んだ質問をされ、あやふやな部分や弱い部分を本番の前にリサーチし直すことができたおかげだ。

質疑応答が一通り終わった後、面談担当者がふと、こうもらした。

「私の親戚にもトランスジェンダーの子がいて、服のことで困っているんです。それに、実は私も子どもの頃、男の子の格好ばかりしていて、同じように悩んでいたんです。だから、松村さんのやろうとしていることは本当に大事だと思います」

たまたま面談で出会った人がこんなふうに共感してくれたことがうれしかった。彼女の話を聞いたことで、ブローレンヂの服は世の中に必要とされているという思いは確かなものになった。

それから四日後、電話が鳴った。恐る恐る出ると無事融資を受けられるという連絡。思わず胸をなで下ろした。一方で、喜びとともに不安もわいてきた。お金を借りるなんて生まれて初めてのことだし、三〇〇万円の借金という額の大きさにも緊張してきた。しかも、これを借りてしまえばもう後には引けない。

ちゃんと返せるだろうかという怖さもある。でも、これでやっとスタート地点に立てたのだ。

「ビビってどうする、やるしかない！」

期待と不安で震えそうになる手で、私は契約書類に判子をついた。

ドラマみたいな展開――縫製工場探し

資金集めと同時期に、縫製工場探しも始めた。融資は無事に受けられることになったものの、工場探しは難航していた。連日インターネットで縫製工場を探し出しては、電話をかけたり、飛び込みで工場に行ってみたりした。しかし、どこからも断られた。あたった件数は、日本全国で一〇〇件近くに上っていた。

断られた理由は、私が作ろうとしていた服がアパレル業界の常識とはかけ離れていたからだ。

服というのは基本的に、デザイン画をもとにトルソー（型取り用の胴体部分のマネキン）に布をあててシルエットを作り、それを紙に描き起こしてパターンを作る「立体裁断」という方式で作られている。服の型紙を作る人をパタンナーといい、メンズ服とレディース服とで専門が分かれていることが多い。これは私が考えていたより、製造においては大きな違いなのだ。

だから、最初の説明で「サイズはメンズなんですが、デザインはレディースなんです」と言った時点で、「うちはレディースしかやってないので無理です」「そんなのできません」と、にべもなく電話を切られてしまうこともあった。二件ほど話を聞いてくれる工場を見つけたが「縫製はできますが、パターンは自分で作ってきてください」と言われたり、最低発注数が多すぎたりして、提携にはいたらなかった。自分では作れないから、メンズサイズの工業用パターンを作ってくれる工場を探しているのに……。

そうして最後に残ったのが、兵庫県尼崎《あまがさき》市にある株式会社テラオエフだった。縫製工場の多くは会社ホームページなどなく、直接交渉して価格を決めるものだが、テラオエフさんは珍しくきちんとしたホームページを持っていて、参考価格表も掲載されていた。前から気になっていた工場だけど、ホームページが立派すぎて敷居《しきい》が高く感じてしまい、主婦の起業なんて相手にしてくれないかもと怖じ気づいて、電話するのを後回しにしていたのだ。

だけど、ぐずぐず言っている場合じゃない。ここがダメだったらもう後がないと、祈るような気持ちで電話をかけた。

「わかりました。一度お話を聞かせてください」

「ほんとですか！　ありがとうございます」

すがるような気持ちが通じたのか、話を聞いてくれることになった。

融資の面談の時と同じように、名刺を手にスーツ姿でテラオエフさんを訪問した。なんとか打ち合わせまではこぎつけたけど、メンズサイズでレディース服を作りたいと言ったとたん、「えっ、メンズですか？」と担当の方の顔色が曇《くも》った。電話では一通り説明していたのだが、打ち合わせには別の方が応対してくれたので、うまく話が伝わっていなかったのだろう。

「レディース服やったらできるねんけどなあ」

やっぱりここもダメだったか……。ある程度覚悟はしていたものの、それほど私のやろうとしていることは無謀なのかと、不安がさらに増した。

それでも私は、この服を作ろうと思ったきっかけや、Twitterで出会った人たちのこと、この服があればその人たちがどんなに喜んでくれるか、夢中になって話し続けた。工場の方は私が帰る間際《まぎわ》まで、「レディース服やったらできるねんけどなあ」と残念そうな様子で何度もそう言ってくれた。

気落ちしたまま事務所を出ようとすると、先ほどとは別の方が親切にも「駅まで車で送りますよ」と声をかけてくれた。せっかくなのでその申し出に甘えることにした。

「メンズサイズで女の子の服作るんやって?」

駅までの道すがら、運転を買って出てくれたおじさんは、私の作りたい服の話を聞いてくれた。

「そうなんです。自分の着たい服を着られないことで困っている人がたくさんいるから、どうしてもこの服を作りたいんです」

私は車内でもう一度、時間も忘れて熱弁した。

「それやったら、うちがメンズのトルソーを買ったらいいんちゃう?」

その一言ではっとした。工場にはこれまでのレディース服製造のノウハウはあるから、パターン作りで使うメンズのトルソーさえ買えば、テラオエフでも作れる可能性があるというのだ。

その晩、テラオエフさんから「うちでやらせていただきます」という電話があった。

後からわかったことだけど、どうやら車で送ってくれたあのおじさんが、工場の一番偉《えら》い人だったらしい。こんなドラマみたいな展開が起こるとは。

テラオエフさんが、わざわざメンズのトルソーを購入してまで引き受けてくれたことが本当にありがたかった。その晩はうれしさと興奮と感謝の気持ちでいっぱいで、なかなか寝つけなかった。

起業した実感をかみしめる——生地探し

縫製工場が決まれば次は生地選びだ。

ビジネスとして商品のために生地を選ぶのは、趣味の手芸やハンドメイドで一点物を作っていた時とは勝手が違う。そもそも、ハンドメイドでやっていた頃は問屋さんと取引できなかった。

個人の購入は対応してくれない生地屋さんが多いなか、「テキスタイルネット」というサイトを見つけた。会員登録すれば、個人でも繊維商社や問屋からさまざまな用途や素材の生地を仕入れられるサイトだ。見本帳を取り寄せればネット注文もできるけど、私は生地を実際に手に取って見てみたいと、ある繊維メーカーの展示場に行くことにした。

ビジネス街にある立派なビルの高層階のワンフロアがまるごと展示場になっていて、そこにはハンドメイドをしていた頃には想像できなかったほどの種類の生地が、所狭しと並んでいた。「やっぱり生地問屋では扱う生地の量も質も、手芸屋さんにあるものとは違うなあ、これがアパレル企業の人たちが日々見ている世界なのか」とうきうきした気持ちになった。

あまりにもたくさんの生地に戸惑っていると、担当の人が声をかけてくれた。

「ターゲットはどのような層ですか？」

「実はレディース服を着たい男性に向けてブラウスを作ろうと思っているんです。柔らかくて明るめの色や花柄があれば」

担当者は最初はちょっとびっくりした様子だったけど、すぐにいくつか見繕ってくれた。

初めて手にする素材の生地もたくさんあって、どれも良くてなかなか一つに決めることができなかった。それに量産化するとなると、ハンドメイドで一点ずつ作っていた時より制約が多くなる。ハンドメイドの時は原価などさほど考えずに生地を選んでいたけど、ビジネスとして服を量産するなら、在庫は確保できるか、材料費はいくらか、一反《たん》の生地から何着作れるかといったことまで考えなければならない。

そのためにまずは一枚あたりの服に必要な長さ（用尺《ようじゃく》）を割り出し、そこから生産数に必要な長さを計算し、どれくらいの生地が必要か材料費を見積もる必要がある。例えば、布は幅広のもの（ダブル幅）と狭いもの（シングル幅）がある。布は反やメートル単位で買うのだが、シングル幅だと一着当たりの面積を確保するのに長さが必要になるから、結果値段が高くなる。

それに加えて納期に間に合うか、生産数に足りるだけの生地の在庫があるかも考えなければならない。「この生地、素敵だな」と思っても、こうしたさまざまな条件も考慮しなければいけなかったので、結局、生地を決めるのには一か月近くかかった。

何もかも手探り状態で進めるのは大変だったけど、不思議と辛いという気持ちはなかった。専業主婦時代、家事のほかには何もすることがなくて家に閉じこもっていた頃や、大学院受験の勉強で毎日難解な英語や論文と格闘していた頃に比べたら、実際に現場に行ったり人と会って交渉したりする毎日の方が、はるかに充実感にあふれていて、私の性に合っていた。

起業してからというもの、あらゆることが初めてで、万事この調子だった。毎日毎日あれをやってこれをやってと、次から次にやることが発生し、なんともめまぐるしい日々を送っていた。融資を受けた以上、毎月約五万円返済しないといけない借金があることもプレッシャーだった。でも、規模が大きくなった分、工場に頼んだり問屋で生地を選んだり、できることも増えてうれしかった。このような困難や苦労も、前に進んでいる証拠だと思えた。

販売までの下準備――ショップ整備や開業手続き

服作りをどんどん進めながら、その合間にも正式な名刺を作る、事務所を借りる、ネットショップを作るなどの準備をしていった。

まずはオフィス作りからだ。自宅を事務所にするつもりだったけど、防犯のことを考えたらほかに借りた方がいい、とサポートプラザの人にアドバイスをもらった。そこで、個人事業主やスタートアップ企業がよく利用しているというシェアオフィスを借りることにした。登記《とうき》できる住所や作業スペースを低価格で借りられるうえ、郵便物を受け取ってくれたり、コピー機や電話といった設備が使えたりするプランもあって便利だ。

ショップ用の電話番号は、携帯よりも信用度が上がるので固定回線にした。昔は一回線引くのに一〇万円近くかかったそうだが、今は数千円～数百円で引ける。

最後に税務署に開業届を出して、ひとまず体裁《ていさい》は整った。最初から法人化するという手もあったが、会社法などの難しそうな勉強にまで手が回らなかったので、まずは個人事業主としてスタートすることにした。

服の販売方法は、インターネット通販にした。自分の理想の実店舗を作るのに必要な、家賃や改装費やディスプレイ代なんかを考えると、オープンするだけで相当お金がかかりそうだったからだ。融資額も限られていたし、リスクも大きい。幸い今の時代はインターネットで物を売ることができる。まずは少ない資金で運営できるネットショップを利用することにした。

ネットショップには大きく分けて二つの方式がある。Amazonや楽天のようなネット上のモールに商品やショップを出店する「モール型ECサイト」と、ドメインを取得してオリジナルページを作り、クラウド上に独自の販売ページを作れる「カート型ECサイト」というものだ。

モール型のメリットは、モールそのものの知名度が高いうえ、多くのお客さんが利用しており、セール時の宣伝や購入ポイントなどモールサイトのサポートを受けやすいこと。デメリットは、販売時のマージンや出店料など月々のランニングコストが高いこと。

カート型は販売手数料が不要もしくは低めなのでランニングコストが抑えられ、サイトデザインなども比較的自由にアレンジできる。一方、ネットモールの知名度なしに自分で集客が必要なので、宣伝がより重要になる。ただし、カート型なら顧客名簿を自分で管理できるから、ブランドのファンを作るうえでは魅力的だ。結局、コストを押さえつつ、ブランドの価値を高めていくには、カート型ＥＣサイトがいいだろうと、そちらに決めた。

カート型ＥＣサイトが作れるサービスにもいろいろあって、なかなか選べなかった。まずは使いやすさやセキュリティの精度を比較検討するために、複数の企業が合同開催している自社サービスの説明セミナーに行くことにした。

私がサイトを作るにあたって特に重視したのは、セキュリティだった。ブランドのターゲット層には、周りに女性装のことやトランスジェンダーであることを隠している人もいる。だから顧客情報をしっかり守れることが大切だったのだ。その点を最優先して、利用するサイトを決めた。

いくらで売る？——価格の決定

テンプレートに情報を入力したり写真をアップしたりと、地道にブランドのＥＣサイトを整備し、オープンの手はずも整った頃、やっとブラウスのサンプルが到着した。完成したブラウスは予想をはるかに上回る出来映えだった。ハンガーにかかったビニールをめくり、恐る恐る手に取ってみる。悩み抜いて選んだ生地は、驚くほど軽くて手触りが良かった。

「こんな薄い生地で作りたかった！　やっぱり工場に頼んで良かった！」

窓から入ってくる風にブラウスがひらひらと舞う様子を見て、心の底から喜びがわき上がってきた。やっとここまでたどりつけた。どんなお客様にも自信を持って勧《すす》められる商品。私はうれしさでいっぱいになりながら、工場に量産の発注をした。

ここで頭を悩ませたのが値付けだった。この商品をいくらで売るかという問題だ。価格については最初はまったく未知数だったので、事業計画書の段階ではワンピースなら一万五千円～二万円程度、ブラウスなら七千円～一万円程度の価格帯を考えていた。だけど、実際に動きだすと、工賃や生地代などが想定よりはるかに高くなることがわかった。どう値付けすればいいかわからなくて、テラオエフさんに訊いたところ、「ネットショップだけで販売するんやったら、原価の三倍くらいにしてるところが多いですよ」と教えてもらった。

ということは、販売価格を一万円にしようと思ったら、原価は三〇〇〇円に抑えないといけない。しかしそれは一度に何千枚も作るか、海外生産にしないと実現できない数字だった。

ブローレンヂは国内生産で、生地も良いものを使っていたし、製作資金の都合上、生産数も限られていたため、原価は三〇〇〇円をゆうに超えていた。生地の質を落とすことも考えたが、せっかくいろんな工夫を凝《こ》らして作るので、洗濯したらすぐヨレヨレになって一〜二年で着られなくなるようなものは作りたくなかった。原価以外のコストも考えるとあまり安くはできないけど、最初は気軽に買ってもらいたい一心で、結局、販売価格は原価の三倍よりかなり下げることにした。

しかし、後からわかったのは、安ければ売れるわけではない、ということだ。しかも、売れないといつまでも在庫になってさらにランニングコストがかかる。そこで、オープンしてしばらく経ってから、思い切って適正価格に改めた。すると、値上げをしても買ってくれる人は買ってくれたし、むしろ売り上げ増に繋がった。本当にいいものを作っているなら、ちゃんとその価値に見合う値段をつける方が、お客さんにも伝わるのかもしれない。

「メンズサイズのかわいいお洋服」――キャッチコピー決定

値付けも悩んだけど、ブランド起ち上げ時に一番悩んだのは、キャッチコピーだった。

最初は「ＭｔＦ（Male to Female、男性から女性に性別移行した人）のためのかわいいお洋服」としていた。だけど、なんだかしっくりこなかった。たしかにコンセプトの出発点は、女性装している人やトランスジェンダーの人たちが着られる服がなくて困っているのを解決するということだったけど、実際に当事者と接するうちに「トランスジェンダーのための」とか、「MtFのための」といった、着る人を限定するような言葉を使いたくないと思うようになった。

というのも、私も子どもの頃から〝女の子らしい服装〟や〝女らしさ〟を押しつけられて嫌な思いをしてきた。そして、社会が「こうすべき」とする性別役割と自分らしさとが食い違って悩んでいる人と出会う機会が増えるにつれ、そもそも男女にそれほど差があるのだろうか、それぞれの性のあるべき姿を〝男らしさ〟〝女らしさ〟と規定して、その枠に押し込めることに意味があるのだろうか、という思いも生まれてきた。

自分がどんな人間であるかを知る前に、すでに存在する枠に自分をあてはめたり、あてはめられたりするうちに、いつのまにか男性は〝男らしく〟、女性は〝女らしく〟ふるまうようになってしまうんじゃないか。でも本当は、誰もがあるがままの姿で、自分の思う性や嗜好《しこう》に正直に生きられる方がいいんじゃないかと思うようになった。

だけど、それを実現しようと思うと、なかなか難しい。特に人はまず外見で他人を判断するものだから、どんな文化にも〝男らしい服装〟〝女らしい服装〟があり、服装はその人の性別を判断するうえで重要な材料になっている。

それなら逆転の発想で、〝服の常識〟を変えてしまえば、〝性別の常識〟もガラッと変わるんじゃないだろうか。つまりどんな人でも、性別に限らず着たい服を着られるようになったら、服で性別を判断したりされたりすることも、他人の性別を気にすることもなくなるはずだ。そしてその先には性別にとらわれない世の中があるだろう。私がたどりつきたいのは、そういう世界だった。

そんな思いから、取り立てて女性装している人やトランスジェンダーの人のためだけの服と言わず、またあえて「レディース服」とも言わず、私の服を着たいと思った人が誰でも着られるブランドにしたかった。

ただ、一方で、宣伝のことを考えると、服の特徴を端的に説明するためには「男性骨格に合わせてデザインしている」というポイントを入れないわけにはいかなかった。

そうした試行錯誤の末になんとか考えついたのが「メンズサイズのかわいいお洋

服」というキャッチコピーだった。

ブランド名はショップの顔だから、人に覚えてもらいやすく、ブランド理念も伝えられ、なおかつちょっとほかにはないような名前をつけたかったので、ハンドメイド時代から使っていた「ブローレンヂ（blurorange）」をそのまま使うことにした。

「ブローレンヂ」は、私の好きな色であるブルーと、夫の好きな色であるオレンジを組み合わせて作った言葉だ。名刺やホームページに使っているロゴの背景も、夕暮れの色合いであるブルーとオレンジのグラデーションにした。後から気づいたけど、「男女の境界はもっとぼんやりしていていい」というブランドの精神にも通じるところがある名前だ。「性別にとらわれずに好きな服を好きに着られる世の中になったらいい」。そんな創業の理念にもぴったりな名前じゃないだろうか。

ちなみに、「ブローレンジ」で検索するとかなりのヒット数があった。差別化をはかるために、「ジ」を「ヂ」にして、英語の表記も「blueorange」から、少しつづりを変えて「blurorange」にした。

量産していたブラウスも無事納品され、ブランド起ち上げの準備はすべて整った。

二〇一七年六月二四日。ついにブローレンヂのサイトがオープンした。Twitterには「おめでとう！」「待ってました！」と、応援のメッセージがあふれていた。私はフォロワーのみんなに「やっとここまで来たよ」と胸を張る気持ちでタイムラインを見つめていた。

「いよいよ私のブランドが始まるんだ！」

ドキドキと鳴る心臓の音がうるさいくらい響いていた。

第3部
東京大学でファッションショー!?

服が売れない！

ブラウスの発売から一週間。何度確かめただろうか、いくら管理画面を見直しても受注はゼロ、ゼロ、ゼロ。通知エラーかと思ったけど、そうじゃなかった。もちろん最初からトントン拍子で進むはずはないと思っていた。それでも、Twitterであんなにたくさんリアクションをもらえていたのに、注文が一件も入らないなんてショックだった。

焦りを何とか飲み込みながら、いろんな角度から原因と対策を考えてみた。

発売の時期が悪かったのだろうか。ブラウスを売り出した時期は、夏物商戦開始の五月からは大きくずれていた。最初はそれに合わせて発売する予定だったけど、予想外のトラブルが重なって、納品が六月末になってしまったからだ。世の中はすでに夏物セールが始まっている時期だった。これは今さらどうしようもない。

値段が高いのか？　でも、原価の三倍程度にするのが適正なところを、最初の商品だからお客さんに手に取ってもらいやすいようにと、すでに安く抑えている。これ以上値段を下げると赤字になってしまう。

商品点数が少なすぎるのかもしれない。たしかに、ネットショップ運営のセオリーでは商品点数が二〇〜三〇点必要だと言われている。ブラウスだけでは寂しいので、ハンドメイドで作った小物も一緒にアップしていたけど、それでも商品数は少なかった。資金は限られているから、地道に商品を増やしていくしかない。

写真が悪いのかもしれない。商品写真は、私が自分でブラウスを着、夫にカメラを任せて屋外で撮影し、顔の部分をトリミングして掲載していた。それがあまりに素人くさく見えるのかも。ここはすぐに改善できる。プロのカメラマンとモデルに頼む資金は残っていなかったので、ネットで撮影用のバックペーパーと照明を購入して、自宅の狭い部屋の荷物を隅っこに寄せ、夫に撮り直してもらった。ちょっとしたことだったが、写真は初めのものに比べ圧倒的にクオリティが上がった。

Twitterでのキャンペーンもやってみた。ブローレンヂのアカウントとキャンペーンツイートをフォロー&リツイートしてくれた人の中から、抽選で「風に舞うブラウス」をプレゼントするというものだった。それをきっかけにブローレンヂを知ってくれる人が増えれば、購入者も現れるかもしれない。しかし、それでも一向に売れる気配はなかった。

売るために何ができるか

サイトに足りない部分がたくさんあるのは承知の上だった。でも商品が良ければどうにかなるだろうと希望を持っていた。できる限りのことをやって売り出したつもりだったけど、こうして現実を見せつけられるととても落ち込んだ。

在庫の山を前に、私は青くなっていた。工場にも本当は、最低ロットは三〇〇着からと言われていたのを、無理を言って一〇〇着に減らして作ってもらった。それなのに一〇〇着どころか一着も売れない。月々の返済もあるのに、このまま一枚も売れなかったらどうしよう。とにかくまずは最初の一着をどうにかして売らなければ。

そんな時、日本政策金融公庫からスタートアップ企業向けのビジネス相談会のお知らせが来ていたので、私はすがる思いで参加してみた。

相談会で担当してくれた「よろず相談所」の相談員さんは、ブローレンヂのネットショップを見て一言、「これって、普通のレディース服みたいに見えちゃいますね」。なるほど、顔の部分を削除しているとはいえ、商品モデルが女性（私）であるのは一目瞭然《りょうぜん》だったようだ。これだと男性的な骨格の人向けに作られていることがちっとも伝わらない。

相談員さんには、ほかに顧客ターゲットを具体的にイメージするための「ペルソナ」を作ることや、クラウドファンディングを使って商品を製作することなどを勧められた。

ダメ出しにはへこみそうになったけど、ブローレンヂが外からどう見えるか、客観的な意見を聞けたのは良かった。私はまずアドバイス通り、「ペルソナ」を作ったり、クラウドファンディングについて調べ始めたりした（ただし、架空の顧客を想定する「ペルソナ」はいろいろな人に自由に服を着てもらいたいというブローレンヂのコンセプトに合わなかったので、結局は採用しなかった）。

ネットで発信しているだけでは足りないと思ったので、ほかの媒体での宣伝にも力を入れることにした。だけど、思いのほかブラウスの製作費がかさんだうえ、次の商品の製作も控えていたため、とてもじゃないけど広告費を出す余裕はなかった。何かメディアに取り上げてもらう方法がないだろうかと調べていたところ、一般的なブランドは新作発売やイベント開催時などに、マスコミに「プレスリリース」という企画案内書を送るということがわかった。

しかしどうやって書けばいいのだろうか？　思案していたところ、母が知り合いのフリーライターの大越裕《おおこしゆたか》さんを紹介してくれた。

大越さんは理系分野に強いライターが集う「チーム・パスカル」のメンバーで、ビジネス記事や経営者へのインタビューをたくさん書かれている。ビジネスのプレスリリースのことを聞くにはぴったりの方だった。

大越さんはプレスリリースの書き方を一から教え、何度も添削してくださった。そうしてできあがったプレスを、新聞、雑誌、ウェブメディアと、考えつく限りの媒体に送りまくった。

売れるための努力なら何でもしようと思った。こうしてブローレンヂの第二章は始まった。

初めての新聞取材

ショッピングサイトのオープンから一か月半ほどたった八月の暑い日。

相変わらず、パソコンを開いてもネットショップへの注文はゼロ。スマホを睨《にら》んでもプレスを送ったメディアからの問い合わせも一件もなかった。

売り上げはそんな状態だったけれど、めげずに商品第二弾「レース丸襟ワンピース」を作った。とびきりかわいいワンピースが欲しい、というみんなの意見を取り入れて、ガーリーな丸襟にノースリーブを組み合わせた、夏にぴったりなデザインだ。

カラー展開は清楚《せいそ》なブルーと、事前のアンケートで人気の高かった淡いピンクの二色。

第一弾のブラウスのデザインは、私がみんなの服の悩みを解決しようと自分なりにこだわって考えたものだった。一方、今回のワンピースは、Twitterで集めたみんなの「着てみたい服」の意見を多く取り入れて作ってみた。それもあってか、新作発表直後のツイートにはものすごい数のフェイバリットがもらえた。しかし、そのリアクション数のわりに、実際には今回もまったく売れなかった。

注文が来なくても、サイトの管理ページをチェックするのは日課にしていた。ただ、いつも期待は抱いていなかった。「どうせ今日も売れてないんだろうな」、と。

ところがある日、目を疑った。管理ページの売り上げのところに、「注文あり」の表示。しかも、一着だけじゃない。ブラウスとワンピースのセットで二着もだ。

初めて自分の作った商品が売れたのがうれしくて、何度も何度もその数字を見返した。興奮を必死で押さえながら、「どうかお客様が気に入ってくださるように」と気持ちを込めて丁寧に梱包して発送した。

その日は夫が買ってきてくれたケーキを囲んでお祝いをした。いつも食べているお店のケーキなのに、その日はとびきり甘く感じられた。

うれしいことはそれだけではなかった。

初めての受注と前後して、見慣れない番号から電話があった。誰からだろうといぶかしく思いながら取ると、

「こんにちは、『毎日新聞』文化部の記者です。ブローレンヂさんの取り組みを取材させてもらえないでしょうか」

まさかの取材依頼だった。電話をくれた女性記者は、私が送ったプレスリリースを読んでブローレンヂの活動に興味を持ってくれたらしい。私は二つ返事で引き受けた。

当日の朝はとても緊張していた。新聞取材を受けるなんて、生まれて初めてのことだ。どんな人が来るんだろうとドキドキしていたけど、実際お会いした記者さんは電話の声のイメージ通り、優しそうな感じの女性だった。

記者さんに尋ねられるがまま、私は夢中になって話し続けた。子どもの頃の話、大学に入って心理学を勉強したこと、服作りに興味を持って勉強したこと、性別を越えた服を作ろうと思ったきっかけ、ブローレンヂを起ち上げるまでのこと。気づけば外は日が暮れかけていた。記者さんは二時間近く、私の話をじっと聞いてくれていたのだった。

二〇一七年九月二二日、『毎日新聞』朝刊。はやる気持ちで紙面を開いた。何枚もめくってやっと見つけたのは、私の写真とブローレンヂのワンピースのツーショット。見出しには「おしゃれ、性別関係なし」。一〇〇〇字足らずの小さな記事だったが、反響はすごかった。

――新聞見ました！

――とっても良かったです。

――応援したくなりました。

SNSはもちろんのこと、いろんな人からメールや電話をもらった。服の売れ行きは相変わらずで、爆発的に売れるということはなかったけど、それを皮切りに、いろんなメディアからだんだん取材の依頼が入るようになった。最初は『ねとらぼ』や『ハフポスト』などのウェブメディア。さらにその記事を見たNHKからも取材の依頼。ついにはこうして、出版社から本を書かないかという話まできた。

最近はインターネットのおかげで、どこかに掲載された記事が評判になると、それを呼び水にしていろんなメディアが取材に来る。私の場合は最初の記事が評判だったたおかげか、間を置かずにいろんなメディアに取材された。ただただプレスリリースの効果に驚くばかりだった。

初めてのクラウドファンディング

ブローレンヂがメディアの注目を集めたのは、もう一つ、クラウドファンディングを始めたからというのもあるだろう。

クラウドファンディングというのは、インターネットを経由して、不特定多数の人から支援金を集める仕組みだ。開業したいとか、新商品を開発したいといった何らかのプロジェクトを実現させたい人が、クラウドファンディングサイトを使って、一定期間お金を募り、それを支援したいと思った人がお金を寄付する。そうして集まった寄付が目標金額に達すればプロジェクトが成立し、支援者にそのお金が入る。たいていは寄付金額ごとに特典（リターン）が設定されており、プロジェクトが達成されると、支援者は寄付金額に応じて特典がもらえる。対象となるプロジェクトの内容は、イベント運営、映画や書籍の製作などさまざまで、最近では商品の予約注文のように使われたりもする。クラウドファンディングについては前に聞いたことがあったけど、自分が使ってみるとは思いもしなかった。また、クラウドファンディングには資金調達以外にも宣伝効果があるそうだ。クラウドファンディングをすると、まずそのサイトに自分の活動を掲載できるし、さらにプロジェクトに興味を持った人がSNSで拡散してくれることもある。それならやって損はないと私も挑戦してみることにした。

それぞれのクラウドファンディングサイトで使い方や条件を検討した結果、日本最大手のMakuake（マクアケ）を使うことにした。初めてのクラウドファンディングのプロジェクト内容は「ひかえめガーリーカーディガン」の製作。二作目のワンピースとセットで着られるニットカーディガンを作りたかったからだ。

デザインは三案作り、今回もTwitterでアンケートを取って、一番人気の高いものに決定した。決まったのは、男性骨格の人でもゆったり着られるように肩幅と腕周りにゆとりをもたせ、シンプルなシルエットながらも細部にデコレーションを施したものだ。筋が目立つので手の甲をあまり見せたくないという意見を元に、袖丈は長め(いわゆる萌え袖)にしてフリルをつけた。手の甲まで隠れるので、華奢に見えるのだ。さらにメンズ服ではまず使われないキラキラのビジューボタンでかわいらしさを演出し、肌触りのいい高級メリノウールを使うことで着心地も追求した。

工場がない!

ところが、デザインは決まったものの、肝心のニット工場がなかなか国内で見つからない。大手のアパレルメーカーが、製造費を抑えるために海外に拠点を移すようになって、日本にある高品質なニットの製造工場は仕事が減り、後継者不足もあってどんどん廃業しているらしい。工場探しは難航した。

前回の工場探しと違って、そもそも工場自体がないという状況に困り果てていたが、たまたま同じMakuakeでTシャツを作るためにクラウドファンディングを行っていた大阪のメリヤス工場を見つけた。思い切って電話をかけてみると、私の話をじっくり聞いてくれ、「服を着られないことで困っている人がいるんなら、協力しましょう」と申し出てくれた。

あいにくその工場にはカーディガンを作れる機械がなかったので、同じ大阪ということで、枚方市《ひらかた》にある第一メリヤスさんを紹介してくれた。ここが生産を快諾してくれたおかげで、カーディガンを製作する目処が立った。

さっそくクラウドファンディングページに載せるための試作品を、第一メリヤスさんに作ってもらった。数週間後、試作品のカーディガンが納品されてきた。手を通してみると、手触りのよさに「わ〜、ふわふわ」と思わず声がもれた。やっぱり最高級のメリノウールを贅沢に使ったカーディガンの着心地は抜群だ。これなら自信を持ってお客さんに届けられると確信した。

体に合った服は気分も変える

次はクラウドファンディングのページ作りだ。ここで重要になってくるのがイメージ写真。今回は、自分がモデルを務めるのではなく、男性にやってもらおうと思った。しかもできれば、男性的な骨格だとわかりやすい体型の人がいい。

そこで、大学時代に同じ映画研究部だった友達のM君に思い切ってモデルをお願いしてみた。いきなり女性装のモデルをお願いするなんて戸惑われるかなと思ったけど、M君は意外にもあっさりOKしてくれた。彼は身長一八三センチ。筋肉質で、市販のレディース服など到底入りそうになかった。おそらくかわいい洋服が着られず困っている人たちの中にも彼のような体型の人がいるだろう。

撮影当日。M君にはまず、二つ目に作ったブルーのレース丸襟ワンピースに着がえてもらった。肩幅も背丈もあるM君にもピッタリだった。

そしてその上に、まずは私の私物である、市販の女性用カーディガンを羽織《はお》ってもらった。肩と二の腕はピチピチ、ボタンも閉まらず、袖丈も足りない。M君はとても苦しそうだった。M君にごめんねと謝りながら、「服に困っているみんなは、こんな思いでレディース服を着ているのか」と改めて実感した。

次は、渾身《こんしん》の「ひかえめガーリーカーディガン」を羽織ってもらった。M君からも「なにこれ、気持ちいい」と笑顔がこぼれた。羽織った姿は私の想像を遥かに越えた。先ほどまで、腕のたくましさが目立ってゴツゴツした印象だったM君が、ふんわりかわいくなった。長めの袖から少しだけ見える指先も繊細に見える。

初めてのレディース服モデルにぎこちなかったM君も、そこからはノリノリでポージングをしてくれた。体に合った服を着ると、それだけで心も開放的になるみたいだ。おかげでとってもいい写真が撮れた。

クラウドファンディング開始！

クラウドファンディングのページには、M君をモデルに撮った写真と商品説明のほかに、なんのために商品化したいのか、ブローレンヂは何を目指しているのかをたっぷり書いて、プロジェクトに対する熱意をアピールした。

一〇月一日、ついにカーディガンの量産化を目指すためのクラウドファンディングをスタートした。

なんとしてでもこのプロジェクトを成功させたい。これでこけたら在庫の山に埋《うも》れて窒息《ちっそく》してしまう。私は必死の思いで、女装バーを巡ってチラシを置いてもらったり、Twitterのフォロワー全員にDMを送ったりした。

その努力が実ったのか、目標金額三〇万円のうち、初日でなんと四〇%を達成したのだ！　サイトをオープンした時、一か月以上注文がなかったのが嘘みたいだった。

その上、ファンディング開始前に取材をお願いしていた『ねとらぼ』というウェブメディアで、スタートから二日後に記事が公開され、それがバズったおかげで、開始からたった五日で目標金額を達成することができたのだ。

――自分で着てみたい。

――ネットの記事を見て応援させていただきました。

——新しい時代が来ましたね！

たくさんのコメントとともに、次々に支援の数が増えていく。続いて公開された『ハフポスト』の取材記事もさらに反響が大きく、とうとう一〇月三〇日の終了時には、目標金額の三倍を超える額が集まっていた。

こんなにもブローレンヂの考えに共感してくれたり、この服を着たいと思ってくれる人たちがいるんだ。やっぱり、私のやろうとしていることは無駄じゃない。この人たちの期待に応えられるような服作りをしよう。応援コメントの一つ一つを読みながら、私はようやくブランドを起ち上げた手応えを感じていた。

初のテレビ取材

クラウドファンディングに奮闘《ふんとう》中の一〇月中旬、事務作業をしているところに一本の電話が入った。

「こんにちは。私、NHK大阪放送局のTと申します」

か細い女性の声だった。

「先日、毎日新聞の記事を拝見しました。それで、ブローレンヂさんの取り組みを取材させていただきたいのですが」

耳を疑った。NHKがブローレンヂを取材？　驚きながらも打ち合わせの約束をした。打ち合わせに現れたのは、若い女性のディレクターさんだった。電話と同様、小さな声で、すごく緊張しているのが伝わってきた。なんと、彼女にとってもこれが初めての企画だったらしい。

話していると、私たちの考えには共通点が多いことがわかった。なんでも〝男・女〟で分ける世の中や、「LGBT（レズビアン・ゲイ・バイセクシャル・トランスジェンダーの頭文字）」という枠組みに個人を押し込めることに疑問を持っていて、男女の壁を取り払って、もっと自由な社会を作りたいという思いも一緒だった。

意気投合した私たちは、最初の緊張はどこへやら、気づけば三時間も話し込んでいた。その日からトントン拍子に話が進み、あっという間にインタビュー撮影の日を迎えた。

当日、外は雨だった。私はテレビに映るのだからと朝から気合いを入れて美容室に行ってきた。取材班はTさんを含めて三人。大きなカメラと三脚にマイク。映画研究部で使っていたものとは比べ物にならないくらい立派な機材を前にして、ますますテンションが上がった。

まずは、いつもの作業風景を撮りたいということで、自宅のアトリエでミシンをかける場面を撮った。その後、ブローレンヂの取り組みへのインタビューが始まった。カメラの横に座るTさんが、真剣な表情で、事前に用意した質問を何度も確認している。Tさんも相当プレッシャーを感じているようだった。それを見て私もさらに肩に力が入った。

「ま、松村さん、リラックスしてください」

いやいや、Tさんこそガチガチじゃないか！　と思いながら、深呼吸した。

「では、いきます」

その後は、あまりの緊張に何を話したか覚えていない。とにかく口が乾いた。

日を改めて、今度は、クラウドファンディング中のカーディガンの製造をお願いしている第一メリヤスさんの工場にも撮影に伺った。

「では、踏切の方から工場に向かって自然に歩いてきてください」

なるほど、訪問取材ってこういうふうに撮影するのだなと、テレビ製作の裏側を見られてワクワクした。二日目ともなると、私も撮影を楽しむ余裕ができたようだ。工場の従業員の方にも、お忙しい中撮影にご協力いただいた。

その後もTさんには、お客さんとのお茶会の様子や日々の業務など、ブローレンヂの取り組みを余すことなく撮影してもらった。

取材の途中、ブローレンヂ以外にもジェンダーフリーな取り組みをしているブランドや企業がないかと聞かれたので、以前から気になっていた丸井グループを挙げた。マルイさんは百貨店の中でもいち早くジェンダーフリーな売り場作りに取り組んでいるという話をすると、Tさんはマルイさんにも取材に行きますとおっしゃった。

二〇一七年一一月一三日、午前七時四五分。NHK『おはよう関西』という番組で「女服を着る男たち大阪〝らしさ〟超える瞬間」と題した放送が始まった。一〇分間の短い時間だったが、ブローレンヂを中心に、大阪の女装クラブやマルイさんの取り組みも紹介されていて、とても内容の濃い構成だった。テレビに映る自分は、なんだか一人前の起業家みたいに見えた。朝の連続ドラマの直前に放送されたこともあり、反響は大きく、たくさんの応援メールや電話をもらった。関西じゅうに私とTさんの熱意が伝わった瞬間だった。

強力な味方と出会う

話は少しさかのぼるが、大越さんにプレスリリースの書き方について相談した時に、もう一つ教えてもらったことがある。

「安冨歩《やすとみあゆみ》さんっていう女性装をしている東大の先生がいるよ」

「え、東大の先生が女性装？」

最初はものすごく驚いた。だって大学教授ともなれば、〝社会一般の常識〟に沿った、無難な服装をしなきゃいけないのかなって思い込みがあったからだ。

　さっそくどんな人か調べてみると、安冨さんはずっと男性として生きてきたけれど、五〇歳頃から自分のジェンダー・アイデンティティが女性に近いことに気づき、女性の服装をするようになったそうだ。研究者としては経済学が専門で、著書リストには経済学やエリート主義批判などの本が並んでいる。その中に、『ありのままの私』というタイトルを見つけ、さっそく読んでみた。

「誰だって、「男」でも「女」でもないのです」（134ページ）という言葉に、私は胸を摑まれるような思いがした。性同一性障害という言葉は社会の秩序を守りたい人たちによって、人を支配したり破壊するために作られた概念だ、といった考え方にもとても共感した。

「私が今までずっとモヤモヤと考えていたことをすっきりとわかりやすい言葉にしてくれている！」

　驚きとうれしさの入り交じった気持ちだった。本の感想をTwitterに上げると、安冨さんも私をフォローしてくれた。

そこでさっそく、DMで安冨さんに挨拶《あいさつ》し、「よかったらブローレンヂの服をプレゼントさせてください」と送ってみた。普通、見ず知らずの人からいきなり服を贈りたいなんて言われたら、驚いてしまうだろう。話を聞いた夫にも、「それはちょっと非常識やで」と言われてしまった。

当然のことながら、安冨さんからは「そんな高価なものをいただけません」と丁重なお断りの返事が来た。だけど、安冨さんはブローレンヂの考え方には理解を示してくださって、そこから時々いろんな情報をやりとりするようになった。しばらくSNSだけでのやりとりだったが、ある日、安冨さんが講演のために東京から大阪に来られるので、お茶でもしませんかということになった。

待ち合わせの日は二〇一七年九月二二日。偶然にも同じ日、『毎日新聞』朝刊にブローレンヂの取材記事が掲載された。私は新大阪駅の構内で、その記事を片手に、いまかいまかと緊張しながら待っていた。

「こんにちは！」と元気よく現れた安冨さんは、にこやかでおしゃべりの好きなとても優しい人だった。普段メディアではフェミニンな格好で登場されることが多いけど、その日はボーイッシュな格好で、それも背の高い安冨さんにはよく似合っていた。

手近なレストランに入り、食事をしながら、ブローレンヂの活動を話したり、安冨さんの女性装について伺ったりした。

「あなたのビジネスが成功するかどうかは、私にとっても死活問題なんです。自分の服に関わることだから。これまでいろんな人に、こういうブランドを作ったらって提案してきたけど、誰もしなかった。だから、あなたがブローレンヂを起ち上げてくれたことがうれしいんです」

安冨さんの嘘のない、正直な物の言い方に、おこがましいかもしれないけど自分と似たものを感じた。話は尽きなくて、あっという間に時間が過ぎていった。面会時間も終わりに近づいた頃、私はおずおずとその日掲載されたばかりの新聞記事を差し出した。

「これはすごいよ！」

安冨さんはブローレンヂが早くもメディアに取り上げられたことをとても評価してくださった。さらに、

「私は東京大学の教授で、いろいろな分野に知り合いがいるけど、その人脈をうまく役立てられているわけじゃない。だからあなたに、私が持っている知識や人脈をすべてお伝えします！」

安富さんは私の目をじっと見て、力強くそう言い切った。そこまで言ってくださるなら、私も全力でこの人を信じようと思った。

「ファッションポジウム」始動！

一〇月、出張で東京に行った帰り、今度は私が東京大学の安富先生の研究室を訪ねた。話が盛り上がった頃、思い切って心の中で温めてきたあるアイデアを打ち明けた。

「ブローレンヂのファッションショーをやってみたいんです」

ファッションショーはブランド起ち上げの頃から、いつかできたらと考えていたことだ。クラウドファンディングもうまくいっている。メディアにも取り上げてもらえた。この勢いで次はファッションショーだ！　私は安冨さんに、どこか良い会場はないかと思い切って相談してみた。

ファッションショーだなんていきなり言われて、安冨さんも面食らったと思うが、その返事はさらに驚くべきものだった。

「いいですね！　場所は東京大学の安田講堂はどうですか？」

安田講堂ってあの安田講堂？　大学紛争の時、学生たちが講堂に立てこもって機動隊とぶつかったんだっけ。うろ覚えながら、高い建物の周りに火炎瓶が飛び交い、四方から放水車が水を浴びせかけているニュース映像が頭の中に浮かんだ。時計台と重厚なポーチを持つ赤レンガ作りの建物は「東大のシンボル」と言ってもいい存在だ。本当にそんな場所でファッションショーなんてことができるのだろうか。安冨さんはそれだけにとどまらず、

「あなたが作ったブローレンヂは、ただのファッションブランドじゃない。社会に衝撃を与えるブランドです。安田講堂は大学の施設だから、ファッションショーだけではなく、学術的なシンポジウムと一緒に開催しましょう」

とも提案してくれた。

「いいですね、それ！」

私たちは二人で目をキラキラさせながら話し合った。

一番最初に決めたのは、「〝男女〟だけでなく、あらゆる枠組みを取り払った自由なイベントにすること」。一般的なファッションショーみたいに、お客さんが取り囲むランウェイをスタイリッシュな音楽に合わせてプロのモデルが段取り通りに歩くというようなものではなく、モデルの自由な動きに有機的で即興的な音楽が寄り添うようにしたかったし、最後にはお客さんも舞台に上がってファッションショーができるような、見る側と見られる側の垣根も壊したかった。ショー全体が一つの生き物のように、会場にいるみんなが心を通わせられるようなコンセプトを考えた。

そのためには、プロアマ問わずブローレンヂの服を愛してくれる人にモデルになってもらおう。音楽はモデルさんに合わせられるように生演奏にしよう。話しているうちに、アイディアが次々あふれてきた。

イベントのタイトルは「男女の垣根を越えたファッションの未来を考えるシンポジ

ウム」、題して「ファッションポジウム」。

こうして、ブローレンヂが一周年を迎える二〇一八年六月に、東京大学の安田講堂でファッションショーを開く計画がスタートしたのだ。

スポンサーを探せ！

ファッションポジウムを開催する！ と決心したものの、モデル、照明、音響、メイクなどなど、ファッションショーをするのに準備しなければならないことは山積みだった。だけど、当然私にはそんなコネクションなんて全然ない。そもそもお金だってほとんどなくて、どこから手をつけるべきかもわからなかった。

講堂の使用自体は、安冨さんが東京大学の教授ということもあって申請は通りそうだったけど、使用料が必要だ。それにスタッフの手配や実際にモデルに着てもらうコレクションの製作費。とてもじゃないけど、自分たちだけではまかなえない。どうにかして資金を集めなければならなかった。そこで私たちは、まずはファッションポジウムに興味を持ってくれそうな企業を回ってスポンサーを探すことにした。

ところが、ここならと思うアパレル関連企業に電話をかけ、あちこちかけずり回ったけど、結果はさんざんだった。そもそも担当者に電話を取り次いでもらえなかったり、部署をたらい回しにされたりした。たとえ担当者に繋がったとしても、「すみません、うちではちょっと」「よそを当たっていただけませんか」と結局は断られてばかりだった。

スポンサー探しに奔走《ほんそう》していた頃、NHKの取材映像が『おはよう関西』で放送された。そこでブローレンヂとともに紹介されていたのが、先ほども書いたように、百貨店の丸井グループの取り組みだった。

マルイさんでは、すべての人に買い物を楽しんでもらいたいという思いから、「ダイバーシティ&インクルージョン」という取り組みをしているそうだ。その一環として、性的少数者の祭典である「レインボープライド」に出店したり、豊富な靴やスーツのサイズを取りそろえたり、LGBTに関する企業内研修をしたりして、どんな性別の人でも買い物がしやすい店であることをアピールしているのだという。

実はマルイさんにもすでに何度か問い合わせをしていたのだが、なかなか担当の方に繋いでもらえずにいた。しかしNHKのTさんから「取材に協力してくれたマルイのIさんにブローレンヂの話をしたら興味を持っていらっしゃいましたよ」と聞いて、これはチャンスだ！　と、今度はIさんのお名前を出してもう一度電話してみたのだ。

「初めまして、ブローレンヂ代表の松村と申します。先日、NHKの番組で、御社の取り組みが弊社と一緒に紹介されているのを拝見しました。私も性別の垣根を越えるファッションを目指しているので、番組でマルイさんの取り組みを見てすごく感動しました！　それで、何か一緒に企画できないかと思って、一度お話しできたらと思うんですけど……」

すると今回は、同じテレビ番組に取り上げられたことと、番組のインタビューを受けていたIさんの名前を具体的に出したおかげか、どうにかご本人と直接会えることになった。

打ち合わせの日、私は「絶対にこのチャンスを逃すまい！」と意気込んで東京の丸井グループ本社にやってきた。心細さもあって、安富先生にも同行をお願いし、近くの喫茶店で待機してもらっていた。

私はIさんにブローレンヂのこれまでの活動や理念をお伝えしたり、マルイさんの取り組みなどを伺った後、最後に東京大学の安田講堂でファッションショーを開催する計画を打ち明けた。すると、Iさんは「安田講堂でですか！」と非常に関心を示してくださった。

「今だ！」と思った私は安冨先生に電話をして急きょ打ち合わせに加わってもらい、その日のうちに、三人でかなり具体的な内容まで踏み込んで相談した。そして、イベント内容はしっかり決まっているし、話題性もあると思うのに資金が足りないので、開催できるかわからない。ぜひマルイさんにスポンサーになってほしい、と率直にお願いした。そしてありがたいことに、Iさんはその場で快諾《かいだく》してくださったのだった。

実行委員会の立ち上げ

マルイさんの提案で、私たちはイベントの主催者として「ファッションシンポジウム実行委員会」を組織することにした。安富さんと私が共同実行委員長。つまり、このイベントについてすべての責任を負うということだ。さらに安富さんとマルイさんが、ファッションシンポジウムに協力してくれそうな人をたくさん紹介してくれた。

一人目は、鍵盤楽器や打楽器の演奏家、片岡祐介《かたおかゆうすけ》さん。安富さんのお友達で、一緒にオリジナルスピーカーを開発したり、子どもたちと即興音楽を演奏したり、音楽イベントを開いたりと、幅広い音楽活動をされている。

私たちがやりたい〝生き物のような〟ファッションショーには、型にはまらない即興演奏が必要不可欠だと考えた安富さんと私は、片岡さんに、ファッションシンポジウム当日、経験の少ないモデルさんたちを優しく励ましてくれるような音楽の即興演奏をお願いした。

二人目は西原《にしはら》さつきさん。西原さんはミスインターナショナルクイーン２０１５にも出場したトランスジェンダーで、モデルのほか、NHKのドラマ『女子的生活』に出演するなど女優としても活動している。また、「乙女塾」という、かわいさと女の子らしさを叶えるためのメイクの仕方や発声方法、立ち居振る舞いなどの学びの場を提供している。

西原さんには、ブローレンヂを起ち上げた頃から、いつかこの方に自分のデザインした服を着てもらいたいなぁと思っていた。お会いすると、とても優しくて、芯の強い方だった。西原さんには、ショーへの出演と、ほかのモデルさんたちのトレーニングをお願いした。また、乙女塾からメイクアップ担当とカメラ担当の方々も応援に駆けつけてくれることになった。

片岡さんと西原さんは実行委員会のメンバーにもなって、イベントの中心人物として力を貸してくれることになった。プロのモデルとミュージシャンがいれば百人力だ。

さらに私たちは、ファッションポジウムのクロストークに登壇していただきたい方にもお声がけした。

まず、陵本望援《おかもとのえ》さん。陵本さんはお会いした当時、パリコレにも出たブランド「MIHARAYASUHIRO ミハラヤスヒロ」を運営しているアパレル会社ソスウの代表取締役をされていた。まだ美大生で無名だった頃の三原康裕《みはらやすひろ》氏と一からブランドを起ち上げ、パリコレブランドにまで築き上げられたスーパー経営者だ。

陵本さんは関西のご出身で、私も大阪の生活が長かったからか、陵本さんにはとてもかわいがっていただき、ビジネスマインドやアパレル業界の産業構造を教えていただいた。ブローレンヂが思うように軌道に乗らなくて私が頭を抱えていた時も「松村さん、根性やで！」と喝《かつ》を入れてくださった。とてもパワフルで、お話ししているだけでどんどんこちらも元気が出てくる。登壇をお願いすると、「私なんかよりもっと適役おるで」と謙遜《けんそん》されたが、ファッションポジウムには陵本さんのエネルギーが欠かせないと思い、ぜひともとお願いした。

次は、アニメ・ゲーム・マンガに特化した求人広告会社を経営されている清水有高《しみずゆうこう》さん。清水さんからは、ご自身の経験に基づいたSNSの活用や動画配信サイトでの宣伝の方法を教わった。清水さんは大の読書好きで出版の新たなビジネスモデルを構築しようとされており、ブローレンヂの新しいファッションを切り開こうという思いに賛同し、登壇を引き受けてくださった。

「俺にも着られるワンピースある？　登壇者がみずから示さないとね」と、清水さんは進んでブローレンヂの服を着たいと申し出てくれ、当日は鮮やかな赤いワンピースで舞台に立ってくださった。

それから、マルイさんの提案で、ブローレンヂとは逆の発想――つまり女性的な骨格で男性装をしている人にも参加してもらおうということで、ＦｔＭ（Female to Male）のタレント、吉原《よしはら》シュートさんと諭吉《ゆきち》さんにも登壇していただくことになった。

「男女の垣根を越える」ことをテーマにするなら、その方がバランスがいい。マルイさんが自社で展開する、性別にかかわらずオーダーできるスーツも、吉原さんと諭吉さんがモデルとなって、ショーで披露してくれることになった。

そして最後に、その丸井グループの代表取締役である青井浩《あおいひろし》社長にも参加をお願いした。ほかの登壇者同様、青井社長もお忙しいだろうとは思ったが、ダメ元でお願いすると、意外にも快く引き受けてくださった。なんと、マルイさんのジェンダーフリーの取り組みの発案者は青井社長だったのだ。

これだけの豪華な顔ぶれがそろえば、きっとおもしろくて有意義なイベントになるに違いない。

マルイさんはほかにも、イベントの看板や舞台の演出効果などを手掛《が》けるグループ会社と、メイクの協力企業をあたってくれた。メイクはなんと資生堂《しせいどう》さんの、なかでも世界のコレクションで活躍するトップチームが力を貸してくれることになった。

最初はお金も人手もない、ないない尽くしで始まったファッションポジウムだけど、こうして少しずつ協力者の輪が広がった。服作りも経営もひよっこだった私が、超一流の人たちからマンツーマンで指導を受け、イベント企画にも協力していただくことができたのだった。

またも、お金がない！

年が明けて二〇一八年一月、実行委員会メンバーの私、安富さん、西原さん、片岡さんとマルイ関係者の方々とで東京大学安田講堂の下見に行った。生まれて初めて足を踏み入れる安田講堂は想像以上に大きく、厳かで、話をするのも思わず小声になってしまうほど緊張した。

「本当にこんな立派な場所でやるんやな」

それまではどこか夢物語のように感じていたけど、実際に現場をこの目で見たことでだんだん実感がわいてきた。

一方で、ものすごい焦燥感も襲いかかってきた。というのも、マルイさんがスポンサーになってくれたものの、それは会場や宣伝などハード面の支援が主で、ショーで発表するブローレンヂの新作コレクションの製作資金は、当然のことながら自分で用意しなければいけなかったからだ。

その頃、ブローレンヂの口座残高は、一五万円を切っていた。これでは新作なんて

作れるわけがない。追加融資を受けようと銀行に相談に行ってみたものの、反応は芳《かんば》しくなかった。どこに掛け合っても、

「この間融資を受けたばかりですよね」

「実績も前例もありませんし……」

「もう少し商品が売れて、売り上げができてからまた来てもらえませんか」

売り上げを上げるため、前例がないことをするためにお金が必要なのに！　内心では納得いかない気持ちでいっぱいだった。しかし、大学の学生課との交渉とは違って、ここで意見を戦わせても融資は下りないだろう。「そうですか、わかりました」と、表面上では落胆《らくたん》したそぶりを見せないように努めながら、銀行を後にした。

二〇一八年二月、結局どこの銀行からも融資が断られ、今まで交換した名刺を頼りに畑違いの企業にもスポンサーになってもらえないか当たってみたが、すべて断られて打つ手がなくなってしまった。

もう一度クラウドファンディングサイトを利用することも考えたけど、プロジェクトの申請から開始までの時間や、入金までのタイムロスを考えると、イベントまでに

間に合わない。

ファッションポジウムの開催はあと四か月後に迫っている。本気でどうにかしなければ、と気持ちだけが空回りしていた。そんな時、

「YouTubeを使って、自分でクラウドファンディングをしたらいいんじゃない？」

とヒントをくれたのは清水有高さんだった。

YouTube配信開始！

私は、清水さんのアドバイスで、一月からブローレンヂのYouTube生放送を始めていた。清水さんは、その番組内で、新作用の資金を募《つの》ったらどうかというのだった。生放送といっても私は部屋でひとりカメラに向かって話すだけで、人前に出るわけではない。もともと演劇をやっていたことも功を奏したのか、だんだんカメラの前で話し続けることが苦ではなくなってきていた。YouTubeだったら無料で配信できるし、

動画なら、実際に商品を着用して動く姿を見せられ、質感や立体感を写真よりもリアルに伝えられる。それに視聴者と直接交流していろんな意見を聞くこともできる。最初は動画配信なんて考えてもいなかったけど、これはいい宣伝方法だとすぐに気づいて、定期的に利用するようになっていた。

それでも、動画で呼びかけてお金を集めるだなんて、うまくいくだろうかと半信半疑の気持ちもあった。でも、たしかに自分で寄付を募って直接ブローレンヂのサイトに振り込んでもらえば、入金までの時間や手数料のロスがない。

今回はコレクション全部の試作品を作るのに、開発費も含めて最低でも三〇〇万円は必要だ。スポンサーは足りないし、融資も受けられない。だったら、できることは全部やってみよう！

私は背水の陣の覚悟で、サービスサイトを使わず個人でのクラウドファンディングに挑むことにした。

セルフクラウドファンディングに挑戦

三月二一日。ファッションポジウムまであと三か月を切った。

「みんなの協力がいるんです！」

ひとりっきりの部屋に私の声が響いた。私はスマホのカメラを前に、画面の向こう側にいるであろう視聴者に向かって呼びかけていた。セルフクラウドファンディングのための最初の配信だ。

ブローレンヂではこれまでに、色違いも含めて六着の服を作ってきた。だけどこれではショーをやるのに全然足りない。最低でも一〇着は新たに作る必要がある。そして、その開発には普通の服を作るよりお金がかかる。

というのも、ブローレンヂの服はメンズのトルソーでレディース服の型紙を作るため、通常のレディース服製造とは勝手が違う。実際にサンプルを作ってみてもイメージと違ってやり直しになることもあるし、着る人の体格から与える印象をやわらげ、美しく見えるように細かな修正を何度も行うから、時間と費用がかかるのだ。

第一回目の配信は、どうしてこの金額が必要なのか、集めたお金を何に使うのかを説明しているうちに、あっという間に終わった。

セルフクラウドファンディングの期限は四月末に設定した。一口三万円からで、リターンはワンピース一着か、トップスとスカートのセットにした。一人何口でも申し込めるし、リターンなしの純粋な寄付という選択肢も作った。

たった一か月余りの間に、この方法でどれだけお金を集められるかわからない。一か八かの賭けのようなものだった。

しかし驚いたことに、初日にすでに三口、九万円の振り込みがあった。以前からブローレンヂの取り組みを応援してくれているお客さんからだった。銀行に融資を断られ続けて自信を失いかけていたが、こうやって応援してくれる人もちゃんといるのだと胸が熱くなった。

とはいえ、ほっと一安心というわけにもいかない。というのもクラウドファンディングの成功法則では、初日に目標金額の三分の一を集めないと、最終的に目標額を達成する確率が低いと言われているからだ。現状は三〇〇万円に対して九万円。計算すれば三％だ。それに、ある程度の金額が集まってからでないと、試作品の製作には着手できない。

ファッションポジウム開催までの時間はどんどん迫ってくる。でも、ここで焦ってもしょうがない。かすかな希望に賭けるかのように、私は連日YouTubeを配信しながら、服作りの様子をレポートしていった。初日に九万円、二日目には一八万円、こうやってお金は少しずつ集まり始めた。

驚きの支援

セルフクラウドファンディングを始めて九日目の三月二九日のこと。その日の配信では、私自身も信じられない思いで、これまでで一番のビッグニュースを発表することができた。

「女優の木内《きうち》みどりさんから、一〇〇万円の支援をいただきました！」

自分でそう報告しながらも、まだ信じられないような気持ちだった。木内みどりさんと言えば、大河ドラマや数々の映画で活躍されている大女優ではないか。

ことの発端は、木内さんがご自身で立ち上げたラジオ番組「木内みどりの小さなラジオ」に安冨さんがゲスト出演したことだった。安冨さんからブローレンヂの活動を知った木内さんは、「応援したい」と協力を申し出てくださったそうだ。さらに木内さんは、ファッションポジウムの司会まで引き受けてくださった。あまりのことに、いったい何から驚いたらいいのかわからないような気持ちだった。

何の実績も前例もない事業に、迷いもなくこんなに多くのご支援をくださるなんて。私の活動と苦悩を木内さんに伝えてくださった安冨さんにも感謝だ。

百万円あれば、試作品作りに入れる。

「よし！　ここからは猛《もう》ダッシュで駆け回るぞ！」

その翌日、私は描き溜めていた新作のデザイン画を持ってさっそく工場へと向かった。

支援の輪が広がる

木内さんのご寄付が追い風になったように、その後も奇跡のようなことが次々と起こった。なんと、二人の出資者から五〇万円ずつもの支援をいただいたのだ。

一人は、ある会社の社長さんだった。支援とともに送られてきた熱のこもった長文のメールには、子どもの頃から男の子は強くなければいけないと言われ続けてきたけど、大人になってから、本当はかわいい服が着たかったことに気づいた、と書かれていた。そして、大きな病気を乗り越えたことを機に、思い切って、ブローレンヂの「ひかえめガーリーカーディガン」を着てみると、とても心が楽になったのだという。「松村さんにこのブランドを成功させてもらうことに、僕の人生がかかっているんです」。メールに添えられた言葉に目頭が熱くなった。

ブローレンヂの服で、こんなふうに人の心を癒すことができたなんて。もちろん、着たい服を着られなくて困っている人たちのために起ち上げたブランドだけど、これほど切実にブローレンヂの服を求めてくれる人がいると知れたことは、私にとって心が打ち震えるような出来事だった。

もう一人は神戸のシューズメーカーの社長さんだった。私がゲストで出演したほかのYouTubeの番組をたまたま見て、ブローレンヂのことを知ったそうだ。この方もまた、足の大きさに関わらずいろんな方に自分の好きな靴をはいてもらいたいと、さまざまなサイズの靴作りにチャレンジされていた。自分が靴でやろうとしていることを、ブローレンヂが服でやろうとしているからと、応援してくださったのだ。私と同じような思いで新しいファッションのあり方を模索《もさく》している人もいる。同志を得たような思いに胸が熱くなった。


そして、ついに四月末。セルフクラウドファンディングの締切の日、口座には目標額を超える三八〇万円ものお金が集まっていた。

これで目標の一〇着全部、試作品が作れる！　思わず手を合わせて、寄付をしてくれた方みんなに心の中で「ありがとう！」と叫んだ。

この金額でできるのは試作品作りと二デザインほどの商品化までで、すべてを商品化することはできない。だけど、みんなそれを理解したうえで、時間がかかっても商品化を待ってくれるという。目標金額に到達したことはもちろんうれしかったが、何よりもそうした事情に納得して寛大な気持ちで支援してくれたことがありがたかった。

こんなにブローレンヂを応援してくれ、ブローレンヂの服を必要としてくれる人がいる。もう、これは私ひとりの夢ではないんだ。その気持ちに応えるためにも、絶対に素敵なコレクションを完成させよう！

予期せぬトラブル

五月、ファッションポジウムの開催まで二週間を切った頃、私は、新作コレクションの制作に追われていた。デザイン画を元にできあがってきたサンプルを夫に着てもらい、全体のバランスを見ながら修正を加えていく。時間がないなか、テラオエフさんにも無理を言って急ピッチで進めていた。

一方その頃、実行委員会のメーリングリストには、ちょっとピリピリしたムードが漂っていた。というのも、準備の進め方について、私とマルイさんとの間で意見が食い違ってきたからだ。

「何のための実行委員会なんですか！」

いつもは穏やかなマルイのIさんが強い文体で書かれている。そして、それを見て私の怒りも爆発した。ファッションポジウムに向けて、スポンサーが見つかり、セルフクラウドファンディングも成功し、あとはコレクションを完成させるだけだと意気込んでいる矢先のことだった。

正直に言うと私は、ファッションポジウムの準備を進めるうえで、マルイさんのやり方には以前から色々と違和感を持っていた。マルイさんは基本的に担当者に決裁権が与えられていたが、全権ではないので、時には社に持ち帰って検討します、ということもある。それでプレス一つ出すにも、決裁が下りるまでかなり時間がかかった。大きな組織を持つ企業ならそれくらい当たり前のことなんだろうけど、今まで何でもその場で決定してきた私にはどうしてもまどろっこしく感じられた。それに、打ち合わせをしたはずのことが、解釈の違いなのか、後からかみ合わなくなることも何度かあった。

私は、チームでプロジェクトを進めることの大変さを今更ながら感じていた。私は大手企業とのやりとりは初めてで、お互いの〝常識〟がずれ、行き違うことが多かった。私がそうなのだからマルイのIさんも同じようなことを感じていたのだろう。そうした小さな行き違いが、少しずつ不満となって蓄積して、この日とうとう爆発してしまったのだった。

「本番の二週間前に何言うてんねん！」

思わずメール画面に向かって叫んだが、返信でイライラを直接ぶつけることはどうにか耐えた。作業を続行しながら、ぶつぶつ独り言で不満をぶちまけている私に、ワンピースを試着させられたまま放ったからしにされていた夫が、「まあまあ、落ち着いて。ここは怒ってもしょうがないで」と声をかけてくれた。

「打ち合わせ記録とか取ってたやろう？　それを元に、どこに問題があったのか原因を探るんや」

たしかに、ここは一旦冷静にならないと。私は納得のいかない気持ちを必死に抑えながら、夫のアドバイスにしたがい、「〇〇について、私は△△と解釈しておりましたが、相違ないでしょうか」と、これまでの会議記録をメールに添付し、一つずつ確認を取っていった。

マルイさんにスポンサーとしてお金を出してもらい、さまざまなバックアップをしてもらえることは本当にありがたい。でも、私だって、この企画のためにブローレンヂのすべてを提供している。規模は違っても、私たちは対等な立場のはずだ。

落ち着いて丁寧にやりとりを重ねることで、私たちの間に、どこで齟齬《そご》が生じていたのかはっきりしてきた。さらに、西原さんが仲介に入ってくれたり、安富さんが知恵を貸してくれたおかげで、最終的には、お互いが納得できる方向を見出すことができた。

もし、あそこで大げんかをしていたり、あるいは全面的にマルイさんの方針に従っていたら、ファッションポジウムは立ち消えになっていただろう。あの時思い切って腹を割って話せて良かったと思う。

一介の個人事業主である私をビジネスパートナーとして尊重し、交渉についてくれたマルイのIさんと、未熟な私を支えてくれた家族や実行委員のみなさんには、本当に感謝している。

モデルさんたちとの出会い

ファッションポジウムがあと四日に迫った五月三〇日、ようやくすべての服ができあがった。いつも作業しているアトリエで、納品されてきた服を手に取っていると、自然とモデルさんたち一人一人の顔が浮かんでくる。

ランウェイを歩くモデルには、ブローレンヂで開催しているお茶会やお花見に来てくれた方や、Twitterで交流のあるフォロワーさんに声をかけた。

ショーのモデルを引き受けてくださった方々の経歴や動機はさまざまだ。トランスジェンダーの方もいれば、趣味で女性装をしている方もいる。

例えばAさんは、ブローレンヂが東京で初めてお茶会を開催した時に参加してくれたお客さんで、なんとそこにブローレンヂのブルーのワンピースを着て来てくれた。東京の街なかに私がデザインした服を着ている人がいる！　初めて見る光景に、まるで夢を見ているような気持ちになった。

すらっとしたモデル体型のAさんに「お洋服での苦労はあまりなさそうですよね」と聞くと、「とんでもない。着られる服を探すの、すごく大変なんですよ」と、服選びの苦労話や、ブローレンヂの服の良さを熱弁してくださった。そんなAさんの熱い思いに、「もし、ファッションショーを開催することがあったらぜひモデルとして出てください」とアプローチしたのだ。

Aさんは以前、鬱《うつ》病を患《わずら》って引きこもりに近い状態だったけど、回復するにつれて「生きているうちにやったことのないことをやってみよう」と思い、いろいろなことに挑戦し始めたそうだ。その一つが、性別を飛び越えてかわいい服をかわいく着ることだった。改めてモデル出演をオファーすると、「お茶会でその話題が出た時には女性装を始めたばかりだったし、いつか実現できたらいいですね、くらいに思っていたが、まさかそれからわずか数か月後に安田講堂で大々的にやることになるとは思っていなかった」と驚きつつも、快く引き受けてくださった。

また、Hさんは、現在は大手建設会社に勤めていらっしゃるが、知り合った当時は女性として生活を始めたばかりの建築家を目指す学生だった。男性として生まれ、ラグビー部にも入っていたけど、思春期に男子のコミュニティになじめず、大学在学中から女性としての生活を始めたそうだ。

Hさんは私がTwitterを始めたばかりの頃からずっとブローレンヂを応援してくれていた。私も、Hさんが発信するジェンダーへの考え方に興味を持ったし、何よりご自身の写真がとっても素敵で、この方にぜひ、ブローレンヂの服を着てもらいたいと思った。ちょうどモデルとしても活動を始めたところだと伺ったので、ファッションポジウムに参加してもらえないかと声をかけると、「私でいいんですか」と謙遜しながらも快諾してくださった。

そしてもう一人、ブローレンヂのファッションショーをするなら必ず出てほしかったのが、クラウドファンディングの写真モデルを務めてくれたM君だ。トランスジェンダーだからでも、女性装が好きだからというわけでもなく、普段着と同じ感覚で私の服のモデルをしてくれる彼は、ブローレンヂの目指す「男女の垣根を越えたファッション」を体現するのにぴったりの存在だった。

「俺みたいな〝ただの男〟が出てもいいんかな？　ほかのモデルさんを嫌な気持ちにさせへん？」と気遣ってくれたが、「私が思い描く未来には、あんたが必要やねん！」と口説き落とし、私の力になれるならと引き受けてくれた。

ブローレンヂで声をかけた方に加え、西原さつきさんを筆頭に、彼女が主宰する乙女塾の塾生さんにも協力してもらえることになった。

モデルを引き受けてくれた人の多くは、相当悩んだ末に、ファッションポジウムに出ると決心してくれた。なかには身内にもカミングアウトしていない人もいる。性別とファッションが固定化されている世の中で、〝異性装〟で人前に出ることをためらうのも無理はない。

だいたい、モデルとして大勢の前でランウェイを歩くだけでも、誰だって緊張することだ。だけど、ブローレンヂの服を着た姿を多くの人に見てもらうことで、何かが変わるかもしれない、次の世代に何かを残せるかもしれないと、出演を決めてくれた。

みんなどれだけの覚悟で臨んでくれるのかと思うと、ただただ胸がいっぱいになった。彼女たちが胸を張って舞台に立てるように、最高のショーにしなければ。

できあがった新作のコレクションにアイロンをかけながら、モデルさんたちの晴れ姿を想像しているうちに、いつのまにか夜が更けていった。

やっとここまで来られた。あとは本番を待つばかりだ！

いよいよ本番！

「モデルさんはここから階段を上がって、まっすぐ進んで中央でポーズ！　じっくり溜めて、それから……」

「ポーズの取り方、こっちより、こうがいいかな」

「アナウンスはこれをきっかけに……」

いつもは静かな安田講堂はあちこちから指示が飛び、セットを準備する金槌の音が響き、あわただしい雰囲気に包まれていた。

ファッションポジウムまであと数時間。私たちは朝から会場入りし、進行チェック、衣装合わせ、ショーのリハーサルなど大量の段取りを次々に確認していかなければならなかった。緊張もあいまって、浮足立つ私たちをリラックスさせようと、片岡さんと音楽仲間の鈴木潤《すずきじゅん》さん、吉田《よしだ》サハラさんがリハーサルの間ずっと即興音楽を演奏し続けてくれていた。

当日は、梅雨前なのに抜けるような青空が広がり、汗ばむほどの陽気だった。

「手伝えることあったら何でも言って！」

この日のために、大学時代やバーで働いていた時の友人達がボランティアで駆けつけてくれた。わざわざ関西から来てくれた子もいる。両親と兄、夫も来てくれた。

「おれの金魚のファンやったお前が、まさか東大でファッションショーとはな〜」。兄のいつもの軽口にほっと緊張がほどけた。

講堂の入口には、登壇者の顔写真やブローレンヂの服のデザイン画をあしらった「ファッションポジウム」の看板が立ち、ロビーには、有志で参加してくれたセレクトショップや創作アクセサリーなどのブースが並んでいる。

控室ではモデルさん達が衣装に身を包みメイクの仕上げをしている。どのデザインの服を着るかは、モデルさん自身に自由に選んでもらった。本番までなかなか衣装が決まらなかった人もいたけど、最終的にはみんなあつらえたように、それぞれの雰囲気にぴったり合った。私はメイクを終えたモデルさんたちに次々服を着せたり、全体のバランスを見たり、ゲストの方に挨拶したりと、ろくに食事もとらないまま、本番直前までバタバタしていた。

午後一時。開場すると、みるみるうちに講堂はいっぱいになった。舞台袖から客席をそっとのぞいてみる。客席を埋め尽くす人、人、人。一階席はもちろんのこと、二階席にもいっぱいのお客さん。通路のところどころにはテレビ局や新聞社のカメラと三脚が立っている。

そして午後二時。ファッションポジウムはついに、安冨さんの基調講演から幕を開けた。

安冨さんは、ご自身が女性装を始めた頃に世間から向けられた「白い目」のことに言及し、「白い目」は向けられる人ではなく向ける人の心の方に問題がある、と静かに、しかし力強い声で話された。人の目に怯《おび》えないで、ありのままの自分でいよう。あらゆる垣根を取り払い、好きな服を着よう、という安冨さんの言葉を、私は控室でモデルさんに服を着せながら聴いていた。

続いて登壇者の紹介。今日このイベントのために、陵本さんや清水さん、木内さんのほか、丸井グループの青井社長、タレントの吉原シュートさん、諭吉さんと、そうそうたるメンバーが集まってくださった。

ゲストのみなさんとは、この後ショーに続いて行われるクロストークで、西原さん、安冨先生と私も加わって、性別の垣根をファッションで越えることの意義や方法について話し合うことになっている。

ワンピースで世界を変えたい！

そして、暗転。

いよいよファッションショーの開演だ。

控室で最後のモデルさんへの着付けを終えた私は、客席の一番後ろから舞台を見つめていた。

静かな講堂に、片岡さんの即興ピアノ曲が流れ始めた。

音楽に背中を押されるように一人、また一人とモデルさんが舞台へ羽ばたいていく。出会った頃はどことなく自信がなさげだったみんなが、自分の体にぴったり合った衣装をまとい舞台に立つと、みるみるうちに自信に満ちた表情になっていく。

西原さん直伝のモデルウォークの練習のおかげで、立ち居振る舞いにもさらに磨《みが》きがかかっているように見えた。ポージングはモデルさんに自由に考えてもらった。みんな思い思いのポーズで、自分自身を表現していた。

そこに、木内さんのやさしい声のナレーションが重なる。このナレーション文も、モデルさん自身に自分の言葉で、ファッションや性別、ショーに対する思いをつづってもらったものだ。

モデルさんたちは美しい服と音楽、自身の考えた言葉やポーズを身にまとい、ライトに照らされたステージを堂々と歩いていた。好きな服を着て、「これが私だ」と表現するために。自分を縛《しば》るあらゆるものから自由になるために。自分に正直に生きようとする、勇敢《ゆうかん》な心で。

私の頬《ほお》には、思わず涙がこぼれていた。

あの舞台で繰り広げられている光景が、当たり前になる世の中にしたい。

私のワンピースで世界を変えたい！

やがてショーも終盤にさしかかり、モデルさんがもう一度舞台に上がり、勢ぞろいした。まぶしく照らし出された光の中で音楽に合わせて手をたたき、スカートを揺らして踊りながら、エンディングを盛り上げる。

私は涙をぬぐって、舞台袖へと移動した。

「この服をデザインした、ブローレンヂの松村智世さん」

木内さんのアナウンスに呼ばれ、私もみんなの待つ舞台へと足を踏み出した。

FASHIOMPOSIUM
at The University of Tokyo

ファッションポジウム・アルバム

「ファッションポジウム」会場入り口。看板のデザインはモデルも務めてくださったサリー楓さん。

リハーサル前、会場の下見に集まるモデルさんたち。緊張の面持ちで、口数も少ない。

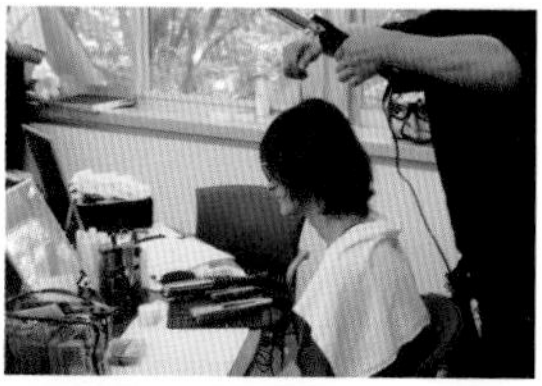

メイクと着替えを終えたモデルさんは堂々と取材に応えていた。私たちの緊張を片岡さんたちが即興演奏でほぐしてくれた。

資生堂のメイクチームや乙女塾のメイク担当NAOさん、女装メイクサロンcottonの小平萌衣さんがモデルを美しく整えてくれた。

ロビーには豊富なサイズ展開のパンプスの展示ブースなども。

ファッションショーの後には、ゲストによるクロストークが行われた。

上：陵本望援さん
右上左から：安冨歩さん、清水有高さん
右：西原さつきさん

上：青井浩さん
計9名の登壇者がこれからの自由なファッションの在り方について意見を交わした。

上左から：吉原シュートさん、諭吉さん
下中央：木内みどりさん

安冨さんの基調講演で、ブローレンヂの服について説明する著者。

ンポジウム

総勢16名のモデルさんが舞台に立ち、自分自身を表現してくれた。

モデルさんたちと記念撮影。この後、観客も舞台に上がり、自由にポーズを取って写真を撮影した。
「みんなのファッションショー」は大盛り上がり。

ファッションポジウム
——男女の垣根を越えたファッションの未来を考える——
2018年6月3日(日) 東京大学安田講堂

〈クロストーク登壇者〉
青井浩／陵本望援／木内みどり／清水有高／西原さつき
ブローレンヂ智世／安冨歩／諭吉／吉原シュート

〈ショーモデル〉
あすみん／ありちゃん／おーちゃん／おすかる／木村由佳／ごけん／サリー楓／鈴木ゆま
つっくん／中野誠／なつき／西原さつき／みずき／安冨歩／諭吉／吉原シュート

〈音楽隊〉
片岡祐介／鈴木潤／吉田サハラ

〈撮影〉
平田悠貴／山岸悠太郎
(各五十音順、敬称略)

弱小ブランドでも世界を変えられる！

——ブローレンヂ作戦会議

鼎談

陵本望援さん

（株式会社 Ones holding company 代表取締役）

×

安冨歩さん

（東京大学教授）

×

ブローレンヂ智世

Tripartite Talk

Noe Okamoto × Ayumi Yasutomi × blurorange Tomoyo

ファッションポジウムも成功させて、メディアにもたくさん取り上げられて、展示会で自信をつけて……。そんなブローレンヂの今一番の悩みは、服が売れないこと。起ち上げの時に比べれば認知度は上がったと思うけれど、経営としてはまだまだ安定にはほど遠い。これからブローレンヂをどうしていけばいいんだろう？

不安に思っていた折、ファッションポジウムにも登壇していただいた陵本望援さんに、東京大学の安冨歩さんと一緒にお会いすることになった。

陵本さんは、元ソスウ代表としてまだ無名だった「MIHARAYASUHIRO ミハラヤスヒロ」を世界的ブランドに押し上げ、二〇年以上にもわたってアパレル業界で活躍されてきた。ブローレンヂの起ち上げ直後に、安冨さんの紹介でお会いして以来、折々にアドバイスをくれ、応援し続けてくれている。

お二人に、私が今抱えている不安を相談したところ、業界の現状や今後の可能性を考察しながら、具体的なアイディアを提案してくださり、大いに励ましていただいた。読者のみなさんにもきっと参考になると思うので、許可を得てその様子を掲載します。

◆不安になったら「プロフェッショナル」を観よ！

智世　ブローレンヂはファッションポジウムもしたし、いろんなメディアに取り上げられているけど、新しいアイテムをどんどん作ったり、規模を拡大したりするほどには売れていないのが現状なんです。これからどうなるのか不安です。

陵本　なんだか不安になって夜も眠れない！　ってことはありますよね。そういう時、私はNHKのドキュメンタリー番組『プロフェッショナル』をひたすら観てる。成功している人は、自分が成功しているとは思っていないんだよね。次から次へやることがあまりにも多すぎて、そんなことを感じている暇がない。あれを見ていると「私、何もやってない！」って思う。だから智世さんも、やれることを見つけて全部試してみるのがいいと思う。

智世　例えばどんなことをやればいいか、一緒に考えてもらえませんか？

◆服にお金を使わなくなった

陵本　今は服を売るのがすごく難しい時代になってますよね。特に四〇代以上はファッションへの出費を抑える傾向にあるし、若い世代は今でもファッションに関心を持っているけど、服にかける金額は下がっています。一か月に服に使うお金は、下着や小物などを含めても五〇〇〇円程度という人が多いみたいです。

二〇年前（二〇〇〇年頃）は不況の中でもインポート・ブームがあったりして、高級な海外ブランドの服でもたくさん売れていましたが、今は同じ値段でも高いと言われます。不景気に加えて、おしゃれで安価なファストファッションも普及してきたので、相対的に高く感じるんでしょうね。

安冨　そうやって販売価格を下げても昔のようには売れなくて、アパレル業界が崩壊《ほうかい》しつつあるわけですね。

陵本　服にお金をかけなくなっているマーケットに対して、巨大なアパレル産業があるんだから、そうなるよね。

それに、お店で直接買わずに、フリーマーケットサイトを使う人も増えてきました。なかには、ネット通販の送料無料サービスが適用されるようにとりあえず一定金額以上買っておいて、いらない服を返品代わりにフリマサイトで売っているという人もいます。

智世 それで買い手は、もともと安い服を定価かもっと安い値段で買うんですね。

安冨 すごいよね。なんか乾いた雑巾《ぞうきん》を絞って、そこから出てきた水を飲んでいるみたい（笑）。

智世 もうしずくも出ないのに……（苦笑）。

◆誰でも売り手になれる時代に

智世 服の値段も下がっていますけど、そもそも売り場自体も減っていますよね。デパートで服を買う人が減って、どんどん閉店している。やっぱりネット通販が主流になりつつあるんでしょうか。

陵本　それだけじゃありません。今の一八歳くらいの子に「何のアルバイトしてるの?」って聞いたら、「アルバイトはしてない」って言うんです。古着屋で三〇〇〇円のシャツを買ってきて、それを自分でかっこよく撮影して、フリマサイトで一万円で売っているって言うんですよ。

智世　つまり自分で仕入れて、自分で売ってるってことですか!

安冨　もう、アパレルのこれまでの販売モデルが終わり始めているよね。昔は生産者から消費者への流通の過程で、いくつも問屋さんとか小売り業者とか中間業者が何段階も入っていて、マージンを取ってそれぞれの業者が稼いでいけた。けど、今は通販が当たり前になって中間業者が減っている。昔は生産者から消費者に届くまで急角度で勢いのある流れがあったけど、今はその流れがゆるくなっているんですよね。

その上、フリマサイトなんかを使って、消費者が自分で仕入れて儲《もう》けたりしている。生産者から消費者へという流れの外で服が売り買いされているから、生産者側がどんどん儲からなくなってきているんですね。

陵本　フリマサイトができたのは大きいですよね。誰でも売り手になれる場所ができた。その結果、いわゆる転売の問題も出てきています。人気ブランドの限定品だと、一〇万円以上する高額商品でも、販売告知から一時間で完売したなんてこともよく聞きます。そしてまた何倍もの値段をつけて転売される。

智世　それだけお金を出してでも買いたいっていう人がいるから、成り立ってるんですよね。

陵本　みんな「お金がない」と言いながら、本当に価値があると思うものは何としてでも手に入れたいって思っているんでしょうね。

安冨　支出を少しでも抑えようとする一方で、出すところにはいくらでも出す。ものすごい二極化ですね。

智世　それほどの価値があると思ってもらえるブランドにはしたいけれど、転売も正規の販売ルートから外れているから、結局は生産者や消費者にとって不利益になることが多いですよね。

◆お客様と一緒に作る〝消費者参加型モデル〟へ

安冨　こんなふうに売り方が大きく変わってきている時代だから、今までの大量生産・大量消費でどんどん消費者に物を買わせるモデルは、もう間もなく終わるでしょうね。そしたら物の売り方もどんどん変わるでしょう。

陵本　私は、お客様が製作にも参加するやり方は今後も可能性があるんじゃないかなと思っています。

例えば、千駄ヶ谷《せんだがや》に「アンドメイド」っていう洋裁センターがあるんですよ。そこにはロックミシンとかパターンを作れる最新の機械とか、服作りの設備がそろっていて、会員なら誰でも使えるようになってるんです。

ブローレンヂでも、そういうところにお客様と一緒に行って好きなデザインの服を作ってあげるとか、お客様が実際に自分の服を縫ってみるとか。意見を聞くだけじゃなく、実際に手を動かしてもらうようなことをしたらおもしろいんじゃない？

安冨　それはいいなあ。私もやってみたい。

実は私も、知り合いの音楽家の片岡祐介さんと一緒にスピーカーを作って販売しているんです。その商品の一番の特徴は、ダンボールに紙ゴミを詰めて、スピーカーをくっつけて自分で組み立てられるところなんですが、この「自分で組み立てる」という工程がおもしろいみたいで、結構売れています。だから、ブローレンヂでも「あなただけの服を作りましょう」ってプロデュースしたら受けるかもしれない。

智世　ブローレンヂではこれまで、「Twitter でアンケートを取ったり、お茶会とか展示会とかで直接お客様の意見を聞いたりする機会は作っているんですけど、一緒に服作りをするところまで踏み込んでみるということですね。

安冨　服はコミュニケーションのツールに過ぎないんだから。これからは一方通行の大量生産・大量消費モデルから、生産者と消費者が「みんなで一緒に作る」というビジネスに変わってくんじゃないかな。

智世　ブローレンヂはまだまだ弱小ブランドだけど、時代の変化を読み取って身軽に動けるという意味では、大きなアパレル企業よりもアドバンテージがあるのかもしれないですね。

◆複数のラインを使い分けよう

智世 多様化といえば、今のブローレンヂの値段やラインナップをどう思いますか？ 展示会などでお話をするんですが、お客さんによって意見がバラバラなんですよ。「もっと高くしたら」っておっしゃる人もいれば、「高くて買えない」っておっしゃる方もいて、今後どうすればいいか悩みます。

陵本 品質や生産量を考えたら正当な値段だけど、やっぱり気軽に買える値段ではないかもね。それなら、もう少し低価格のラインと、通常価格のラインと、高級ラインとを分けてみてもいいんじゃない？ ターゲットやテーマを変えて複数のラインを展開しているブランドはたくさんありますよ。ブローレンヂでも、いくつか方向性の違うものを作ってみたらどうかな。例えばカットソーや靴下みたいな手頃な価格の小物とか、家の中で気軽に着られるものとか。

安冨　寝巻きとか部屋着はいいんじゃないですか？　かわいい部屋着を着たい男の人は結構いるよ。

男物のパジャマって、ごつい生地の地味な色のものしかないから、花柄のかわいい柄のパジャマなら、トランスじゃなくても買いたい人はいると思うよ。部屋着なら誰にも見せなくてもいいし。

◆SNSを活用しよう

智世　宣伝はどうしてますか？　せっかく服を作っても宣伝しないと売れないし、広告費をたくさん出せない個人事業主には、やっぱりSNSが一番便利かなと思うんですけど。

陵本　私の周りでは、Facebook、Twitter、Instagramは当たり前で、YouTubeやPinterestまでやって当然って空気があるね。

智世　おお、そんなに。多くの人に知ってもらうためには、それくらいしなきゃいけないんですね。

安冨　私は、さっき話したスピーカーをBASE（ネットショップを無料で開設できるサービス）で販売しているんですが、スピーカーの仕組みや作り方の説明動画はYouTubeで流しているんです。すると最初は二、三個売れて、さらに五個売れてって具合に、どんどん売れるんです。

陵本　すごい、ユーチューバー！　YouTubeで実際の音を聞けばスピーカーの性能もわかるし、作り方の説明も見られるなら、安心して買えるよね。

安冨　自作キットだから一応「メールでサポートをします」と言っているんですけど、YouTubeでちゃんと解説しているから、サポート希望のメールが来たことは一度もないですね。

陵本　YouTubeなら一回撮影してアップしたら、みんなが勝手に見てくれるから効率的だし。

智世　そういう使い方もできるんですね！　私はYouTubeのライブ配信を、新商品の説明をしたり、ブローレンヂの思いを語る場として使っています。定期的にコメントをくださるお客様が結構いらっしゃるので、良いコミュニケーション・ツールになっているんですが、安冨さんのように、商品のアピールやサポートサービス代わりにも使えるんですね。

陵本　そういう使い方もおもしろいよね。

安冨　いろんな種類のＳＮＳを使うだけじゃなくて、それぞれの特性を生かして活用するのが大切だね。

◆事件は現場で起こっている！

陵本　智世さんはブランドを始めてまだ間もないでしょ？　「すぐに成功したい」と思っているかもしれないけど、一度成功してから振り返ってみたら、成功するまでの過程がすごく大切だったってことがわかるよ。

智世　ミハラヤスヒロも最初は試行錯誤をされたんですか。

陵本　そうだね、三原さんは出会った当時まだ駆け出しのデザイナーで、私が店長をやっていたショップのお客さんだったの。そこは海外ブランドも扱っていて芸能人も来られていたような店だったから、三原さんはこの店ではどういう服が売れているのか、自分の靴を持ってきてどういう人がはいたらいいか、市場調査に来ていたんですね。三原さんは芸術家肌で、すごく変わった靴を作っていたから、最初はそんなに売れなくて。

オールレザーのスニーカーがめちゃくちゃ当たってから売れ始めた。それまでオールレザーのスニーカーってなかったから。それから靴といえばミハラヤスヒロってなりましたね。

智世　私もどちらかというと、ほかにはないおもしろいものを作りたいっていうタイプなんです。だから私の考えを修正してグイグイ引っ張ってくれる、陵本さんみたいなビジネスパートナーを探した方がいいかなと思っているんですけど。

陵本　そういうパートナーが絶対必要なわけじゃないですよ。それよりも、服を売っているお店と一緒に、客層に合わせて服を作るのがいいんじゃないかな。

安冨　トランス向けの服を置いているお店がそもそも、少ないんだけど……。

陵本　そう、だから「トランス向けに作っています」って言うより「大きい人でもかわいく着られる洋服」っていう切り口にした方がいいと思いますね。

　サイズが大きくてきれいに着られるかわいい服がないから困ってるし、お客さんの性別にかかわらず「かわいい服を着たい」っていう気持ちは同じだから、そこに「トランス向け」って言葉を入れる必要はないと思う。だから、デザインとか生地のことをお店の人に教えてもらいながら、智世さんの感性を合わせていったら、いいものができるんじゃないかな？

智世　三原さんもそうやってどんどんデザインを進化させていったんですか？

陵本　そう。だから松村さんも、自分の服を買ってほしい客層の人がよく来るお店に自分の服を持って行って、店員さんに「どうやったらもっと売れますか」って聞いてみたら？　販売してくれる人が一番お客様のことを見ているんだから。そうやってお客様の要望を聞きつつ、「こうなりたい」「こんな服が着たい」ってみんなが憧《あこが》れるようなブランドを作っていけばいいんじゃないかな。

智世　一方的にお客様に合わせていくんじゃなくて、デザイナーが力をつけて素敵なスタイルを提案することで、お客様を引っ張っていくみたいな感じですね！

陵本　そのためにも、智世さんがもっともっと生地やデザインの知識をつけて、素敵な洋服を作れるようになったらいいと思います。

◆成功していないことが強みになる

安冨　陵本さんはファッションシンポジウムの時もご協力いただいたし、ブローレンヂの活動のどういうところに興味を持っておられるんですか？

陵本　情熱！　これが一番だよね。智世さんは誰かの成功をなぞっているんじゃなくって、挑戦しようとしている。今まで服を作ったことがない人が、作れるようになって、さらに工場とも繋がって、ちょっとずつ成長している。その成長は自分ではわからないし、まだまだだと思う部分もあるかもしれないけど、世間にはちょっとずつ認知されてきている。それはすごいことよ！

安冨　私も、「私のような人間をターゲットにした服を作るべきだ、もしそういう服があったら、服というもののコンセプトを変えられるはずだ」って思っていたんですよ。アパレル業界の人に言ったりもしたんですけど、誰もやらなかった。それを智世さんは徒手空拳《としゅくうけん》でやっている。しかも始めて一年経っているけど、誰も追随《ついずい》してこない。智世さんはよっぽど変なことをしているわけです。

智世　ブローレンヂを起ち上げた後に、トランス向けのブランドが二つぐらいできていたんですけど、最近ホームページを見てみたらまったく活動していなかったですね。

安冨　それだけやっていくのが大変なんだね。大手メーカーはまず入ってこられないでしょう。多分、彼らにはこれは絶対に成功しないっていう確信があるんでしょうね。でも、智世さんはすでにもう新聞に出たりウェブメディアやテレビに出たり、さらには本まで書いている。これがすでに大きな成功ですよ。どんな服を作ったって、普通はこんなにメディアに取り上げられないですよ。

智世　ありがとうございます。ちゃんと一歩一歩進んでる、応援してくれる人もいるって、自信を持つべきですよね！

◆ブローレンヂのこれから

智世 最後に何かアドバイスをいただけませんか。

陵本 まずは、多様性を持ってやった方がいいと思いますね。「こうじゃないとダメ」って自分を縛ると、ガチガチになって疲れるし辛い。でも、選択の自由というか、遊びの部分を持ってやったらもっと楽しくなるはず。

智世 はい。

陵本 そしてとにかくブローレンヂのヒット作を一つ作ることだね。ブローレンヂの名前を知らしめる商品の開発。例えば誰でも着られるTシャツとか「ブローレンヂならこれ！」っていうものを作る。

智世 ミハラヤスヒロにおけるレザースニーカーみたいなものですね。

陵本 そう。それに、売る時には目標枚数を決めた方がいい。五枚とか一〇枚とか。ただ儲けたいっていうぼんやりとした目標だったらダメ。

安冨　イメージを具体的にするのは大事ですよね。漠然とした目標よりも、具体的にこれが欲しいって言ったり、あれをやりたいと思う方が実現しやすいから。

陵本　そして最後は、度胸。私はこの間トルコに絨毯《じゅうたん》の仕入れに行ったんだけど、現地の担当者と全然連絡がつかなくなって、何回も電話とメールしたよ。そんなふうに、不安や問題があっても摑んだチャンスに食らいついていくのが大事！

安冨　ブローレンヂのコミュニケーション的成功は、本当にすごい。でも、これをどうやって営業的成功に結びつけるかは、誰にもわかりません。そこを突破するには、無理にがんばっても疲弊《ひへい》するだけで、必ず成功するという信念と、開かれた感性が必要だと思います。

智世　ありがとうございます！　がんばります。

陵本望援　おかもと・のえ

株式会社Ones holding company代表取締役。一九九〇年代より大阪、神戸、東京でファッション産業に携わる。一九九九年より、三原康裕氏とともに、株式会社ソスウを起ち上げ、MIHARAYASUHIRO（ミハラヤスヒロ）のブランドを運営。現在は「食べることは生きること」をコンセプトとしたOnes Cantine bio（ワンズキャンティンビオ）を中心に飲食事業を展開。

安冨歩　やすとみ・あゆみ

一九六三年生まれ、京都大学経済学部卒、株式会社住友銀行を経て、京都大学大学院経済学研究科修士課程修了、博士（経済学）。現在、東京大学東洋文化研究所教授。二〇一三年より女性服を着始め、二〇一四年には女性服で生活するようになる。『アウト×デラックス』（フジテレビ）などに出演し、「女性装の東大教授」として一躍有名になる。著書に『「満洲国」の金融』（創文社、一九九七年、第四〇回日経・経済図書文化賞受賞）、『ありのままの私』（ぴあ、二〇一五年）など多数。

おわりに

本書の出版の話をいただいたのは、ブローレンヂを起ち上げてまだ半年も経たない二〇一七年一一月だった。あまりにびっくりして、まさか詐欺じゃないやろなと疑ったほどだ。ちょうど、ファッションショーができたらいいなと思い始めていた頃でもあり、それをファッションポジウムとして実現し、その軌跡を描いたエッセイを出すことになるなんて、本当に感慨深い。ほかにもおもしろいエピソードやお世話になった方は大勢いるが、紙面の都合ですべては書ききれなかった。いつか機会があれば、日々の仕事の中で学んだジェンダーについての話なども含めて書きたいと思っている。

ファッションポジウムの後も、服の売り上げは相変わらずのんびりしているけれど、百貨店やイベントに限定出店させてもらったり、講演の依頼が増えたりと、いろいろな反響をいただいている。お恥ずかしい話、経営としてはまだまだ赤字の状態だけれど、目先の個人の利益よりも、一〇年後、五〇年後の世の中がもっと自由になること、それが人類の利益になると信じて、これからもがんばっていこうと思う。

実際、ファッションポジウムが影響を与えたわけじゃないかもしれないけど、ジェンダー〝レス〟ではなくジェンダー〝フリー〟を意識した取り組みは、ファッションのみならずいろいろな形で、以前より世の中に増えてきている。ブローレンヂでも、体格の大きい女性や女性アスリートからの需要もあり、キャッチコピーを「メンズサイズのかわいいお洋服」から「ジェンダーフリーのかわいいお洋服」に変更した。

服を選ぶ、電車に乗る、大学で学ぶ、働く、結婚する、子どもを産み育てる。人が生きる時に性別が障害にならない世の中は、確実に近づいていると思う。ジョナス・ハンウェイが男性でも雨の日に傘を差すことを当たり前にしたように、メンズ服にも鮮やかな色彩を取り入れて美しく着飾ろうとする〝ピーコック革命〟が一九六〇年代に起きたように、今また新しい革命の時が来ているのだ。

革命は一人で成し遂げられるものではない。みんなの協力が必要だ。ここまで読んでおわかりいただけたと思うが、私には特別な力はなにもない。ただひたすら、やりたいことをあらゆる人に情熱をもって訴えかけてきただけだ。ブローレンヂは、たくさんの方の協力があって成り立っている。こうしてエッセイに書き起こしてみると、本当にたくさんの人に助けられて生きてきたなと実感した。

そのすべての方にここでお礼を述べることはできないけれど、この本を一から一緒に作ってくださった作家の太田明日香さんと、企画編集の小野紗也香さん、本当にありがとうございました。

お忙しい中、鼎談にご協力いただいた陵本望援さんと安冨歩さん、原稿のチェックをしてくださったファッションポジウム参加者のみなさんにもお礼を申し上げます。

表紙を飾ってくれた、本文にも登場する大学時代の同期のM君こと中野誠君。おかげで素敵な装丁になりました、どうもありがとう。

それと、私をのびのびと育ててくれた家族、悩んでいる時にとことん付き合ってくれる友人、そしてなにより、めちゃくちゃな私を温かく見守り支え続けてくれる夫に感謝の言葉を伝えたい。ありがとう。これからもよろしく。

ブローレンヂを支援してくださった木内みどりさんが、二〇一九年一一月に急逝されました。原稿が完成に近づいた矢先の訃報《ふほう》に、今でもまだ信じられないような気持ちです。この本を木内さんに読んでいただけなかったのがとても残念です。木内さんが私を支援してくださったように、私も、新しいことに挑戦する人をサポートできるような存在になりたいと思います。

二〇二〇年一月

ブローレンヂ智世

関大生による本の帯プロジェクト（オビプロ）について

本書を飾る帯文は、関西大学図書館が主催する「関大生による本の帯プロジェクト」（通称：オビプロ、協力：紀伊國屋書店、創元社）を通して考案されました。

この企画は、関西大学の卒業生でもあるブローレンヂ智世（文学部心理学専修・2015年度卒業）の著書の帯文を、後輩にあたる現役関大生が手掛け、コンテストの最優秀作品が全国の書店に並ぶというものです。

参加者は編集者による本の帯づくりレクチャーを受け、本書のプロトタイプ原稿を読んだ上で、キャッチフレーズと紹介文を考えてくれました。

そうして集まった11の候補作品の中から、最も心に響いたものに一票を投じてもらうWeb一般投票と、選考委員による厳正な審査の結果、大西珠生さんの作品を実際の帯文に採用することになりました（紹介文は、受賞後に少しだけ手直しをしてもらっています）。

候補作品はいずれもすばらしく、あるものは個性的でユニーク、あるものは編集者も舌を巻くほど巧みで、非常にクオリティの高いものばかりでした。同じ大学に通うほぼ同年代の学生さんが、同じ原稿を読み、同じように宣伝文を考えても、一人一人受け止め方も、表現する言葉も、方法もまったく異なる作品が生まれる。それは「自分に正直に、堂々と生きよう」という本書のもう一つのメッセージにも通じるような気がします。

そこで、本書に寄せられたすべての帯文候補作品をここに紹介したいと思います。

創元社編集局　小野紗也香

「オビプロ」参加作品（受賞作以外はエントリー順）

○最優秀賞　大西珠生さん（総合情報学部）

ワンピース≠女性だけの服
この発想は見事に人を動かした。
市場のスキマに挑んだ
一人の女性の起業記録

「智世ちゃんはどうしてみんなと同じことができないの？」

そう言われた少女が大人になった時、やはりみんなと同じことはしなかった。

メンズサイズの可愛いお洋服を作りたい!!

だけど、お金なし、ノウハウなし、人脈なし。

そんな彼女がどのようにして自分のブランドを持ち、なぜ東大安田講堂でファッションショーを開催できるようになったのか？

がむしゃらに突き進む起業家の成長記録。

そして、さらに加速中。

○関西大学学長賞　畑明日香さん（社会学部）

ファッションから性別の壁を取っ払え！
「メンズサイズの可愛いお洋服」で
〝常識〟を覆す女性の奮闘記

男性的な骨格を持つ人でも着られるレディース服を提供するアパレルブランド・ブローレンチの立ち上げには、様々な困難が立ちはだかる。資金調達、工場探し、在庫の山……。それでも乗り越えられるのは、「誰もが着たい服を着られる世の中に！」という熱い思いがあるから。著者の生い立ちからブローレンチ初のファッションショーまでをつづる、疾風怒濤の起業エッセイ。読後、著者の溢れんばかりのエネルギーが、あなたの心にも届くはず。

○紀伊國屋書店賞　久保まなさん（総合情報学部）

服に性別なんてない。

これは女性が着る服だって誰が決めたのか。着たい服を着たら幸服な人生が始まる。

お気に入りの服を着てお出かけする日は朝から気持ちが晴れやか。そんな経験、あなたにもありませんか？

「服の常識を変えれば性別の常識も変わる」そのような想いからアパレルブランドを立ち上げた専業主婦の奮闘を描いた本作。彼女は夢の道半ば。この続きをあなたも見てみたくなりませんか？

○一般投票第1位　河村有紗さん（社会安全学部）

ワンピースは誰のもの？僕だって可愛くなりたい！

男性がワンピースを着てはいけないなんて誰が決めたんだろう。ビジネスを学ばないと起業できないなんて誰が決めたんだろう。この本を読み終えた時、「自分らしく」自由に生きて良いんだと気付かされ、押し付けられた枠なんか飛び出してしまおうと勇気が出た。もう隠す必要はない。だってこれが私だから。さあ、好きな服を着て、みんなで世界を変えよう。

○加藤菜乃さん（社会学部）

「着たい服を着ればいい」そう言うための服たちを世に送る

〃メンズサイズの可愛いお洋服〃をコンセプトに立ち上げたファッションブランド、ブローレンヂ。起業してから1年、2018年6月、東大安田講堂でファッションショーを行いました。つい最近まで専業主婦、お金はない、人脈もない、ノウハウだって勿論ない。それでも信念を持って動けば、なんだってできる。生い立ちから起業、クラウドファンディングで資金集めに奔走する様子まで。いちばん身近な起業エッセイです。

○滝口満理奈さん（文学部）

誰もが着たい服を〝あたり前〟に着られる世界に。～現在奮闘中の女性の起業エッセイ！～

元は喜劇を志し、高校卒業とともに大阪へ。でも、初勤務はブラック会社！　仕事に明け暮れる日々は転職しても変わらず…。夫との出会い、結婚、大学進学。しかし院に向けて勉強中、自分は物作りがしたい！　と気づき――。心理学の「錯視」を生かし、男性的体型の人も着こなせる女性服作りを開始！　市場調査にニーズ分析、資金調達や縫製工場探しと初めてのことばかり。しかも、最初は全く売れなくて…。数年前まで服作りに全くの素人。起業について何も知らない、お金も人脈もなかったごく普通の専業主婦が自身のブランドを立ち上げ、東大でファッションショーを開くまでのお話。

○小山咲良さん（法学部）

誰が着るワンピースも「可愛い!!」と叫びたくなる本〝あなた、そしてわたしは、ありのままを纏っていい〟

『ワンピースで世界を変える』

世界を変えるのはワンピースではなく、〝ワンピースを着た自分自身〟であり、〝ワンピース姿の誰かを見た世界のみんな〟です。

誰が着るワンピースもとっても可愛い世界。

私もそんな世界を生きてみたいです。

性別のみならず、自分の人と違う部分や欠点さえも〝らしさ〟だと知り、素直に受け止め、大切にしたい、表現したいと思うことができる、とっても素敵な本です。

○中井茉以さん（社会学部）

「錯視を活用した前例の無いファッションブランドを起業」

〝着たい服が着られない〟そんな悩みを解決し、自分らしく生きる手助けをする「メンズサイズの可愛いお洋服」を考案

資金なし・知識なし・人脈なし。ごく普通の専業主婦が大学で認知心理学を学び、ブランドを立ち上げ、たった1年でファッションショーを開催するまで

資金調達方法からメディアを利用した宣伝活動・ECサイト立ち上げまで全ての情報を掲載

起業してからも苦難の連続「ブランド設立後1ヶ月半、1着も売れませんでした……」

○村森萌果さん（法学部）

だから私達は挑戦することをやめない

なりたい自分になるために一歩を踏み出すことは、単純でいて難しい。世間の目とか、不安定さとか、もしも失敗したらとか、様々な心配が付きまとう。

大学を卒業してすぐに起業活動に取り組み始めたものの、資金もコネも経験もない智世さんは沢山の問題に打ち当たり、日々、解決のために東奔西走。

起業してからも問題は山積み。それでも、信念のような熱い目標のために、今日も智世さんは走り続けている。

一歩を踏み出すことは怖い。だけど、踏み込んだ先が泥沼でも、茨の道でも、過去に歩いてきた道が消えるわけじゃない。自分のその一歩が、誰かの助けになるかもしれない。

「それは無駄にならんから」

智世さんの背中を押したこの言葉に、私も背中を押された気がした。

○伊藤由佳さん（政策創造学部）

私はこんな服が着たかった、、、！

源氏物語、インスタントラーメン、3Dプリンター。

一見、共通点がなさそうなもの…

共通点が分かりますか？

これらは世界を変えた日本の発明品です。

ここに1秒後なのか100年後なのか分からないけれども、将来加わるもの…

それはワンピース！

ワンピースで世界を変える!!

アパレル店員、キャバ嬢などを経験した後、専業主婦に。25歳で関西大学に入学し、心理学を学ぶ。29歳で大学を卒業後、〝メンズサイズの可愛いお洋服〟がコンセプトのブランドを立ち上げるが、資金調達や知名度に苦労する。数々の困難を乗り越えながらも東大でファッションショーを開くことになった波乱万丈の起業エッセイ！

○寺本南椎さん（文学部）

「こうあるべき」に従順であるな！

企業の仕方をネット検索、市場調査はSNS!?

経験なし、資金なし、人脈なしの普通の主婦だった著者がブランドを立ち上げ、ファッションショーを開催するまでを描いた、等身大でリアルな起業エッセイ。

自分に素直でいるために、常識やルールに縛られる必要はなし！　困難にぶつかっても、乗り越え、突き進む著者の姿に自分も一歩踏み出したくなる！

ブローレンヂ智世（blurorange Tomoyo）

本名・松村智世。1986年長崎県諫早市生まれ。ジェンダーフリーのアパレルブランド「ブローレンヂ」のデザイナー兼代表。

高校卒業後、大阪の紳士服店に就職。その後、ホステス、事務職などを経て23歳で結婚。2012年、25歳で社会人入試で関西大学に入学。同大学文学部総合人文学科心理学専修を卒業後、2017年6月に、男性の体型でもかわいく着られるジェンダーフリーのファッションブランド「blurorange ブローレンヂ」を起ち上げる。2018年6月には東京大学安田講堂で歴史上初めてとなるファッションショーを開催した。現在は、ブローレンヂの運営に加え、講演などの活動も行っている。

ワンピースで世界《せかい》を変《か》える！
専業主婦《せんぎょうしゅふ》が東大安田講堂《とうだいやすだこうどう》で
オリジナルブランドのファッションショーを開《ひら》くまで

2020年3月20日　第1版第1刷　発行

著　者　ブローレンヂ智世

発行者　矢部敬一

発行所　株式会社　創元社
https://www.sogensha.co.jp/
本　　社　〒541-0047　大阪市中央区淡路町4-3-6
Tel. 06-6231-9010（代）　Fax. 06-6233-3111
東京支店　〒101-0051　東京都千代田区神田神保町1-2 田辺ビル
Tel. 03-6811-0662

編集協力　太田明日香
装丁・組版　堀口 努（underson）
印刷所　モリモト印刷株式会社

ISBN978-4-422-10129-3 C0034